단어로
교양까지
짜 짜 짜

101
화학

101 화학

단어로 교양까지 짜짜짜: 진짜 핵심 진짜 재미 진짜 이해

ⓒ 정규성 2024

초판 1쇄   2024년 6월   4일

지은이   정규성

출판책임   박성규
편집주간   선우미정
기획이사   이지윤
기획·편집   김혜민
일러스트   에이욥프로젝트
편집   이동하·이수연
디자인   하민우·고유단
마케팅   전병우
멀티미디어   이지윤
경영지원   김은주·나수정
제작관리   구법모
물류관리   엄철용

펴낸이   이정원
펴낸곳   도서출판 들녘
등록일자   1987년 12월 12일
등록번호   10-156
주소   경기도 파주시 회동길 198
전화   031-955-7374 (대표)
         031-955-7389 (편집)
팩스   031-955-7393
이메일   dulnyouk@dulnyouk.co.kr

ISBN   979-11-5925-885-5 (43430)
세트   979-11-5925-777-3 (44080)

101

짜 핵심
짜 재미
짜 이해

단어로
교양까지
짜 짜 짜

화학

정규성
지음

우주의 탄생과 물질의 근원

믿기 어려운 사실이지만, 현대과학은 우리가 살고 있는 우주가 본래 하나의 작은 점에서 시작되었다고 설명하고 있답니다. 한 점에 불과했던 우주가 지금으로부터 약 140억 년 전 어느 순간 격렬한 폭발과 함께 팽창하면서 현재의 우주가 만들어졌다는 이야기지요. 1946년 러시아 출신 미국 과학자 조지 가모프George Gamow가 처음 제안한 이 이론은 이후 수많은 논쟁과 과학적 논증을 거쳐 현재는 우주 탄생의 정설로 받아들여지고 있어요. 우리에게는 이제 친숙한 단어인 빅뱅big bang, 대폭발이라고 불리는 이 이론에 의하면, 우주는 대폭발 후 몇 분이 지나면서 이미 수소H와 헬륨He 같은 가벼운 원자핵을 만들었다고 해요. 이들 수소와 헬륨이 우주를 구성하는 모든 물질의 기본 재료가 되었던 거예요.

이후 우주는 가벼운 원자핵을 가지고 무거운 원소를 만드는 일을 시작하는데, 이것이 바로 빛나는 별의 탄생이었답니다. 밤하늘을 수놓는 아름다운 별빛은 사실 별들이 핵 합성을 통해 원소를 만들고 있다는 신호예요. 낭만적인 별자리 이야기의 주인공들에겐 좀 안 어울리는 말이지만, 별은 쉴 새 없이 원소를 만들고 있는 물질 제조 공장인 셈이지요. 별은 수십 억 년의 긴 세월 동안 빛을 내며 이러한 일을 계속한답니다. 그리고 빛을 낼 원료인 가벼운 원소들이 다 떨어지면 별은 마침내 죽음을 맞이하게 될 겁니다. 하지만 모두 그렇게 순순히 죽는 것은 아니에요. 어떤 별은 초신성이라 불리는 엄청나게 장엄한 폭발의 최후를 맞이하기도 한답니다. 그런데 그 과정에서 일반적인 별이 만들 수 없는 더욱 무거운 원소가 만들어질 수 있어요. 별은 우주를 구성하는 모든 물질의 재료인 원소가 탄생하는 요람이랍니다. 그렇게 본다면 별은 물질뿐만 아니라 생명의 요람이 되기도 하는 것이지요. 결국 우주의 모든 것은 별에서 온 것이며 별의 잔해인 셈이에요.

우리는 이 책을 통해 물질의 탄생과 본질, 변화와 같은 인간이 밝혀내고 이루어낸 물질 과학에 관해 이야기하려고 해요. 물질이 처음 탄생한 140억 년 동안 일어난 일을 우리 인간의 시간 단위로 이야기하기는 어려워요. 그러나 140억 년이라는 시간이 얼마나 방대한지 그 크기를 우리가 쉽게 체감할 수 있는 시간 스케일로 바꾸어 생각하면 우주의 역사를 이해하는 데 도움이 될 수 있습니다. 만약 140억 년이란 시간을 1년으로 줄인다면 1초는 약 400년이 됩니다. 그렇다면 우주는 1월 1일 0시에 대폭발로 탄생했을 것입니다. 은하수라고 불리는 우리 은하는 3월의 어느 날 탄생했고, 우리 태양은 8월 말에 처음 빛을 냈답니다. 우리가 살고 있는 지구는 9월의 어느 날 처음 그 모습을 드러냅니다. 무시무시한 공룡은 대략 크리스마스쯤에 등장하여 한해를 하루 남긴 12월 30일에 멸종했지요. 이후 유인원으로 살던 인류의 조상은 마침내 12월 31일 자정을 2시간 30여 분을 남기고 드디어 나무에서 내려와 두 발로 걷기 시작했답니다. 자정 15초 전, 인간은 글을 발명하여 역사를 기록하기 시작했고요. 그리스도는 5초 전(약 2,000년 전)에 태어났고 자정이 되기 1초 전(약 400년 전, 1609년)에 갈릴레이가 망원경으로 밤하늘에 빛나는 별을 관측하여 드디어 근대과학이 시작됐어요.

우리가 책에서 배우는 대부분의 과학 지식은 갈릴레이 이후에 인류가 이룬 성과들이에요. 그러니까 인간의 과학은 대략 1초 동안 공부하고 연구한 내용을 가지고 1년의 우주 역사를 해석하고 이해하며 증명하고, 심지어는 앞으로 펼쳐질 미래까지 예측하려는 놀라운 지적 도전인 셈이지요. 앞으로 여러분은 우리를 둘러싼 다양한 물질들이 갖고 있는 비밀과 그것을 해석하는 다양한 과학 이론들을 배우게 된답니다. 이러한 과정에서 자연을 바라보는 지식의 한계를 한층 높일 수 있고, 또 이 지식들을 응용해서 인간의 삶을 더욱 윤택하게 하는 기적을 만드는 사람으로 성장할 수도 있을 거예요.

차례

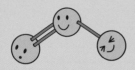

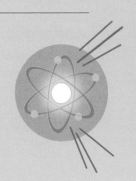

001

4원소설

물질은 무엇으로 이루어졌을까?

과학science은 우리가 사는 세상 모든 것의 근본 원리에 관심을 두고 그것을 이해하는 모든 과정을 말한답니다. 과학의 연구 대상은 우주, 생명, 인간, 물질, 즉 자연 전체인 셈이지요. 화학chemistry은 그중에서 물질에 관한 궁금증과 탐구 과정에서 발전한 학문이에요. 그래서 '물질의 본질이 무엇인가?'라는 의문은 화학이 가장 중요하게 생각하는 질문입니다.

인간의 역사를 거슬러 올라가면 물질의 본질에 대한 최초의 의문과 그 해답에 관한 기록은 고대 그리스 시대에서 발견할 수 있답니다. 그 시절 그리스에는 자유시민이라 불리는 노동의 속박에서 벗어난 특별한 계급의 사람들이 있었어요. 그들 중에는 인간이 궁금해하는 근원적 질문들의 해답을 찾기 위해 노력하는 사람들이 있었는데, 우리는 그들을 자연철학자라고 불러요. 아마 여러분도 플라톤, 아리스토텔레스, 피타고라스라는 이름을 들어 보았을 거예요.

기원전 6세기경, 그리스의 자연철학자 탈레스는 우주 만물의 근본을 물water이라고 생각했어요. 탈레스의 생각은 우리의 일상 경험과 크게 다르지 않아요. 우리는 살기 위해 매일 일정량의 물을 마셔야 해요. 생명이 있는 모든 것, 풀 한 포기조차도 물이 없으면 살 수 없지요. 생명체가 아닌 것들은 어떨까요? 세상에는 물과 전혀 관계없을 것 같은 존재, 물과는 정반대 성향을 보이는 존재들도 있어요. 플라톤의 생각에 동의하지 않는 사람들도 있었겠지요. 예를 들어 5세기경 철학자 엠페도클레스는 만물의 근원을 물, 불, 흙, 공기라고 주장했습니다. 이외에도 다양한 물질 이론을 주장하는 학자들이 나타나 서로 대립하고 경쟁했답니다.

엠페도클레스의 이론을 4원소설이라고 부릅니다. 이는 탈레스의 이론에서 뭔가 부족했던 부분을 보완해줌은 물론 우리가 살아가면서 경험하는 수많은 물질이 변화하는 원리와 일치하는 부분이 많아요. 4원소설은 플라톤과 아리스토텔레스에게 지지받아 이후 수천 년 동안 동서양을 막론하고 사람들의 물질 개념을 지배하는 핵심 사상으로 자리잡습니다.

물, 불, 흙, 공기의 4가지 원소는 사실 도자기를 만드는 중요한 원료예요. 인간은 오랜 수렵 생활을 거쳐 강가에 정착하며 농업혁명을 이루고 마침내 문명의 토대를 쌓았습니다 이 과정에서

🔍 #물질 #그리스 #자연철학자 #물 #생명체 #물 #불 #흙 #공기 #플라톤 #아리스토텔레스

↑ 4원소설과 원소 변환

흙을 빚어 원하는 모양의 그릇을 만들었고, 생활에서 정말 유용하게 사용했습니다. 또 세대를 넘고 문명의 여러 단계를 거치면서 이것을 더욱 정교하고 아름답게 만드는 과정을 터득하게 되었고 세상을 이루는 물질의 근원과 물질 변화의 기본개념을 정립하게 되었을 거예요. 실제로 4원소설은 후에 금을 만들려고 노력하던 연금술의 기본 이론이 되는데, 연금술은 중세 이후까지 종교, 철학, 과학을 비롯한 사회 전 분야에 큰 영향을 미친답니다.

과학을 나타내는 영어단어 'science'는 라틴어 'scientia(스키엔티아)'에서 유래했어요. 우리는 스키엔티아의 의미를 철학자 프랜시스 베이컨이 남긴 'Scientia est potentia(아는 것이 힘이다)'라는 문장을 통해 헤아려볼 수 있습니다. 과학은 어떤 대상에 대한 정확한 이해, 앎, 즉 지식을 탐구하는 모든 과정을 말해요. 'science'는 적당하게 아는 것이 아니라 정확하고 확실하게 아는 거예요.

002

연금술과 연금술사
실패한 연금술,
화학 발전의 초석이 되다

화학 발전 과정에는 연금술alchemy이라는 아주 흥미로운 주제가 있었답니다. 연금술은 말 그대로 금을 만드는 법을 알아내려는 목적으로, 때로는 약이나 새로운 물질을 제조하려는 목적으로 연구했던 분야입니다. 얼핏 말만 들어서는 무척 신비롭죠. 마법인가 싶은 느낌마저 듭니다. 연금술은 우주 만물이 물, 불, 흙, 공기의 4가지 원소로 이루어졌다는 4원소설 이론에서 시작돼요. 4가지 원소의 조합에 따라 물질은 서로 변환된다는 생각이 더 나아가 값비싼 금도 만들어보겠다는 욕망까지 이르게 된 거죠. 값싼 물질을 이용해서 금을 만들고자 하는 사람들의 열망이 얼마나 강렬했던지, 연금술은 고대와 중세를 거치며 지속해서 발전합니다. 연금술은 수천 년 동안 여러 대륙과 문명을 거치며 학자, 수도자, 마법사 등 다양한 부류의 사람들에 의해 연구되었어요. 우리는 연금술을 연구하던 사람들을 연금술사라고 부르고, 이들의 활약은 과학과 사회 전반에 영향을 미칩니다.

연금술을 뜻하는 단어 'alchemy'의 어원은 매우 흥미로워요. 'al'은 아랍어 관사(영어의 the)에서 왔으며, 'chem'은 중국어 금金에서 유래되었다는 설도 있고 색을 변화시킨다는 이집트어에서 유래되었다는 설 등 다양한 의견이 제시됩니다. 하지만 분명한 것은 연금술이 인류의 문명과 역사가 어우러진 오랜 염원과 노력이었다는 사실이에요. 그렇다면 연금술사들은 과연 금을 만드는 데 성공했을까요? 결론부터 이야기하면 아닙니다. 연금술은 아무도 성공하지 못한, 어찌 보면 허망한 연구였죠. 그럼에도 우리는 연금술의 과정에 주목해야 합니다. 비록 금을 만드는 데 성공하진 못했지만 수없이 반복된 실험 과정에서 방대한 양의 물질 정보 및 화학 반응과 관련한 정보가 축적되었고 기록으로 남았거든요. 이를테면 특별한 향이나 색깔을 내는 물질, 불에 잘 타는 물질이나 폭발하는 물질, 먹으면 해롭거나 이로운 물질, 사람을 죽게 하거나 살리는 데 도움을 주는 물질 등이 있다는 것, 그리고 물질에 따라 그것을 제조하거나 다루는 방법이 달라진다는 다양한 정보와 비법들이었어요. 이러한 정보들은 훗날, 화학 물질을 분류하고 화학 반응을 체계적으로 연구하는 근대화학 발전의 초석이 돼요. 결론적으로 보면 연금술은 그 자체로는 성공하지 못했지만, 연구 과정 자체에 큰 의미가 있습니다.

지금도 우리 주변에서 연금술의 흔적을 찾아볼 수 있습니다. 알코올, 알칼리와 같은 아랍식 화학 물질의 이름도 그렇고 백설

공주나 인어공주, 스머프 같은 동화나 만화 속의 마녀나 악당들이 만들었던 신비로운 묘약에 관한 이야기나 설화들이 그렇습니다. 또 위대한 과학자 뉴턴도 오랫동안 연금술에 심취하여 많은 연구 메모를 남겼어요.

연금술이 성공하지 못한 이유는 무엇일까요? 금을 만들기 위해서는 높은 온도와 압력이라는 조건을 갖추어야 합니다. 인간이 만든 실험 장치로는 불가능하고, 별의 탄생과 종말과 같은 우주의 극한적 환경에서만 가능하지요. 그래서 현대과학이 눈부시게 발전한 지금도 금은 여전히 구하기 어렵고 비싼 귀금속이에요. 인류가 연금술이 불가능하다는 것을 깨달은 지는 그리 오래되지 않았어요. 물론 아직도 가끔 연금술의 미련을 못 버리고 비과학적인 주장을 하는 사람들과 어리석게도 그것을 믿는 사람들이 있답니다.

#금을_만드는_방법 #화학 반응 과정도_중요해 #알코올 #알칼리 #뉴턴 #금은_왜_비쌀까

원자

현대과학의 바탕이 된
불멸의 아톰

고대 그리스 자연철학자들이 물질의 본질에 대해 깊은 성찰을 하고 있던 시기, 조금 독특한 물질 이론을 주장하는 학자들이 나타났어요. 기원전 5세기 무렵 나타난 이들은 원자론자라고 불린 레우키포스와 그의 제자 데모크리토스였어요. 그들이 주장하는 물질의 근원인 아톰atom, 원자은 더 이상 쪼개지지 않는다는 의미를 지닌 작은 알맹이였어요. 그들은 모든 물질은 더 작게 자를 수 있는데, 그 작업을 계속 반복하면 언젠가 더는 자를 수 없는 궁극적 한계에 이르게 된다고 믿었답니다. 그런데 이들이 주장하는 아톰, 즉 원자는 너무나 작아서 눈으로는 직접 확인할 수 없는 문제가 있었어요. 그들은 멀리 있는 바닷가의 모래사장이 작은 모래 알맹이로 이루어졌음은 직접 가보지 않고도 알 수 있는 것처럼, 작은 알맹이 원자의 존재도 같은 방법으로 이해해야 한다고 생각했답니다. 원자론자들은 이 이론을 한층 더 발전시켜 우주에는 '원자'와 '진공' 단 두 가지만 존재한다고 주장했어요. 우주 만물이 단지 물질만으로 이루어졌다는 이런 주장은 당시 주류 학자들은 물론 일반 사람들도 설득하지 못했어요. 많은 사람이 신의 존재를 믿고 있었는데, 원자론자들의 주장대로라면 신조차도 원자로 이루어진 셈이 되고 이는 신성모독적인 발언이니까요. 결국 원자론은 사람들로부터 멀어져 점차 잊혔답니다. 그러나 몇몇 일부 학자들은 원자론에 공감해서 다양한 기록으로 남겼어요. 원자에 대한 기록은 사람들에게 잊힌 채 천 년 넘게 어느 수도원의 지하 서고에서 잠자다가, 어느 날 기적처럼 발견되어 세상에 다시 나왔습니다. 그리고 원자의 개념은 갈릴레오와 뉴턴 같은 학자들의 마음에도 큰 반향을 일으켰어요. 그러다 19세기에 이르러 영국 과학자 돌턴John Dalton에 의해 근대적인 원자론으로 재탄생합니다. 돌턴은 원자론을 이용하여 당시에 설명하기에 어려웠던 다양한 실험적 문제들을 쉽게 해결할 수 있었어요.

현대과학에 의하면 우주는 100여 종의 원자가 물질의 바탕을 이루고 있어요. 이 중에서 수소와 헬륨처럼 가벼운 원자들은 우주가 탄생하던 대폭발big bang 초기에 만들어졌고, 일부는 별이 진화하면서 별 내부에서 만들어집니다. 또 금이나 은처럼 무거운 원소들은 초신성이 폭발하는 과정에서 생성되기도 하고요. 우리들의 몸을 이루고 있는 다양한 원소들의 역사도 마찬가지입니다. 그래서 어떤 학자는 "우리는 모두 과거에 별이었으며 별에서 온 존재다."라고 말합니다. 이 말은 우리의 몸 자체가 우주의 역사를

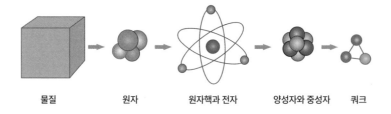

| 물질 | 원자 | 원자핵과 전자 | 양성자와 중성자 | 쿼크 |

⬆ 물질을 구성하는 요소

고스란히 품고 있다는 의미예요.

더는 쪼개지지 않는다는 의미로 이름 지어진 원자였지만, 현대과학은 원자를 더 작은 알맹이로 자를 수 있다는 사실을 알아냈어요. 원자는 핵과 전자로 이루어졌으며, 원자핵은 양성자와 중성자로 또 이들은 소립자라고 부르는 더 작은 입자로 이루어져 있다는 사실은 이제 크게 놀랄 일도 아니지요. 그리고 지금 이 순간에도 더 작은 알맹이인 기본 입자elementary particle의 본질을 탐구하고자 하는 우리 인류의 연구는 계속되고 있어요.

🔍 #원자론자 #아톰 #진공 #물질의_바탕 #빅뱅 #진화 #초신성 #원자핵 #양성자 #중성자

원자의 크기

우리는 원자를 볼 수 있을까?

돌턴에 의해 재탄생한 원자론은 당시에 이해하기 어려웠던 화학 실험 결과를 양적으로 헤아려 설명하는 데 아주 유용했어요. 그 시기의 화학자들은 두 가지 원소의 조합으로 만들어지는 화합물은 항상 일정한 정수비의 조합을 갖는다는 것과 또 특정 화학 반응이 진행될 때 보이는 일정한 질량 비율 등을 원자론의 근거로 생각했답니다. 그러나 이것만으로는 다른 학자들을 설득하기에 충분치 않았어요. 왜 그랬을까요? 우리가 쌀을 셀 때 1가마, 2가마 혹은 1kg, 2kg이라는 단위를 이용하여 세면 편리합니다. 그렇다고 해서 단위 자체가 쌀이 작은 알갱이로 되어 있다는 증거가 될 수는 없지요.

19세기 유럽 과학계는 경험에 입각한 과학 이론을 무척 신뢰하던 시기였어요. 당시 오스트리아 출신의 과학자 마하Ernst Mach 등은 보이지 않는 원자라는 입자를 가지고 과학 현상을 설명하는 것을 아주 못마땅하게 생각했답니다. 원자론은 그럴듯한 추측에 불과할 뿐이며 확실하지 않은 추측에 근거한 설명이라고 치부했어요.

이런 경우, 눈으로 원자의 존재를 직접 보여줄 수 있다면 가장 확실한 증명이 되겠지만 원자는 너무나 작아서(작다고 생각되어서) 도저히 보여줄 방법이 없었어요. 사실 원자론을 주장한 과학자들도 원자의 크기나 질량에 대해 정확하게 알지 못했죠. 이런 답답한 상황이 얼마나 힘들었는지, 마하와 원자의 존재에 대해 설전을 벌이던 볼츠만Ludwig Boltzmann은 극도의 우울증에 시달리다 생을 마감하는 불행한 일도 있었답니다. 그런 사이에도 시간은 계속 흘러갔고, 과학자들은 연구를 중단하지 않았습니다. 연구 결과도 하나둘 계속 쌓여갔고요. 그러다가 세기가 바뀌어 20세기에 이르게 되었을 즈음 과학자들은 원자의 존재를 별 거부감 없이 자연스럽게 받아들이기 시작했어요. 그리고 어느새 원자의 존재를 부정하는 것이 더 이상한 일이 되어버렸답니다.

20세기 이후 현대과학은 눈부신 발전을 거듭했고 드디어 원자의 크기와 질량을 측정할 수 있게 되었어요. 측정된 원자의 크기는 대략 '1센티미터의 1억분의 1(1/100,000,000 cm)'에 불과합니다. 이렇게 작은 크기는 광학현미경으로 절대 관찰할 수 없었어요. 또 원자의 질량은 그 스케일이 더욱 작았어요. 그램g 단위로 표기하면 소수점 아래로 0을 28개나 써야 나타낼 수 있을 정도로 작답니다. 당연히 인간이 만든 그 어떤 저울로도 이렇게 작은 질

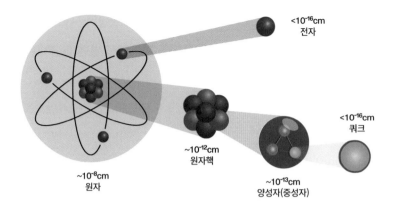

<10⁻¹⁶cm 전자 $<10^{-16}\text{cm}$ 전자

$<10^{-16}\text{cm}$
전자

$<10^{-16}\text{cm}$
쿼크

$\sim10^{-12}\text{cm}$
원자핵

$\sim10^{-8}\text{cm}$
원자

$\sim10^{-13}\text{cm}$
양성자(중성자)

⬆ 원자를 구성하는 요소와 그 크기

량은 결코 측정할 수 없을 거예요. 그러나 과학자들은 이런 불가능한 측정도 가능하게 할 방법을 제시하고, 마침내 우회적 방법을 통해 원자의 크기와 질량을 알아내는 데 성공했어요.

이후에는 더욱 놀라운 일이 가능해졌어요. 1981년 스위스 IBM 연구소 연구진들이 원자를 관찰할 방법을 개발해냈거든요. 우리는 이런 장치를 원자현미경이라고 부르며, 이제 원자현미경은 연구소나 대학 실험실에서 쉽게 볼 수 있는 장치가 되었답니다. 이는 눈으로 직접 보는 장치가 아니고 원자의 존재를 전기적 신호로 만들어 이것을 이미지로 변환한 장치예요. 수천 년 전 인간은 물질의 근본에 대한 철학적 의문으로 원자라는 알맹이를 제시했어요. 그런 생각이 철학자와 과학자들을 통해 면면히 이어졌고 소멸과 부활을 거듭하며 확고한 과학적 지식으로 자리잡게 되었지요. 그리고 드디어 원자의 존재를 눈으로 확인할 수 있는 시대가 된 거예요. 인간 지성의 위대함에 감탄할 수밖에 없습니다. 20세기가 낳은 위대한 물리학자인 파인만Richard Philips Feynman은 인류가 지금까지 얻은 모든 지식을 버리고 단 하나의 지식만으로 처음부터 연구를 다시 시작해야 한다면, 그 지식은 바로 원자 이론이 되어야 할 것이라고 말했답니다. 원자 이론이 인류 과학지식의 최고봉이란 의미가 담겨 있지요.

아윈자 입자
윈자보다 더 작은 입자가 발견되다!

원자론이 과학자들 사이에서 확고하게 자리잡기 이전부터 일부
과학자들은 원자보다 더 작은 알맹이의 존재를 생각하고 있었어
요. 특히 많은 화학 반응과 전기분해에서 나타나는 전기를 띤 물
질ion, 이온의 존재가 원자가 분해되는 것일지 모른다는 추측을 낳
게 했죠. 사실 19세기에 들어 과학자들은 전기라는 현상에 매
우 큰 관심을 두고 다양한 실험을 하고 있었는데, 정작 전기현상
의 정확한 본질은 모르고 있었답니다. 그러던 중 아일랜드의 과
학자 스토니는 전기 현상을 나타내는 기본 단위로 전자electron라
는 이름을 사용했어요. 19세기 말 영국 물리학자 톰슨Joseph John
Thomson은 음극선관이라는 고전압 실험 장치를 이용하여 실험하
던 중 음전하를 띤 흥미로운 알맹이를 발견합니다. 그리고 이 알
맹이는 음극을 구성하는 물질의 종류에 상관없이 항상 같은 질량
대 전하 비율을 가진다는 것을 밝혀냈습니다. 당시의 기술로는
그 알맹이의 정확한 전하도 측정할 수 없었고, 질량도 측정할 수

없었지만, 그는 그 입자가 모든 원자 속에 공통으로 들어 있는 입자일 것이라고 주장합니다. 이후 그의 주장이 타당한 것으로 밝혀지고 그는 1907년 노벨물리학상을 수상합니다. 그 입자가 바로 스토니가 이름붙인 전자였던 거예요.

한편 톰슨의 연구실에서 공부하던 뉴질랜드 출신 유학생 러더퍼드Ernest Rutherford는 얼마 후 원자 안에는 음전기를 띤 전자 말고도 양전기를 띤 매우 작고 딱딱한 덩어리(핵)가 있다는 것을 알아냈답니다. 러더퍼드의 실험 결과에 의하면 핵의 크기는 원자 크기에 비해 무시할 수 있을 정도로 작지만, 원자의 질량 대부분은 핵이 차지하고 있었어요. 또 얼마 후 미국 물리학자 밀리컨Robert Millikan에 의해 전자의 전하가 측정되었고, 결국 전자의 질량도 밝혀졌답니다. 전자의 질량은 소수점 아래로 0을 27개나 써야 겨우 표시할 수 있을 정도로 작았답니다. 수학적으로 표시하면 9.1×10^{-28}g이에요. 핵의 질량은 전자의 질량에 비해 적어도 약 2,000배나 무거웠어요.

더욱 놀라운 점은, 핵은 핵보다 더 작은 입자들이 모여서 만들어졌다는 사실이랍니다. 핵에는 양전하를 띤 양성자와 전하를 띠고 있지 않은 중성자라는 2가지 종류의 입자가 들어 있었어요. 양성자와 중성자의 질량은 매우 유사해요. 그래서 우리는 흔히 양성자와 중성자의 개수를 원자의 질량으로 나타내기도 한답니다(전자의 질량은 무시하고요). 예를 들어 어떤 원자의 핵이 양성자 2개와 중성자 2개로 되어 있다면 그 원자의 질량은 2+2=4로 나타내면 되지요. 물론 정확한 방법은 아니에요. 또 어떤 원자의 질량이 12라면, 그 원자의 핵에는 총 12개의 입자(양성자와 중성자의 합)가 들어 있다고 생각하면 이해하기가 쉬울 거예요.

원자는 전기적으로 중성을 띠어야 합니다. 이 말은 중성 원자 안에 있는 양성자의 개수(양전하의 수)와 전자의 수(음전하의 수)가 같아야 한다는 뜻입니다. 어떤 원자가 핵 안에 4개의 양성자를 가지고 있다면 그 원자는 전자를 4개 가져야 전기적으로 중성이 되겠지요. 그런데 만약 전자의 개수가 양성자의 개수보다 적거나 많다면 어떻게 될까요? 그때는 그 원자가 전하를 띠게 될 겁니다. 양성자가 더 많다면 +전하를 띨 것이고, 전자가 더 많다면 −전하를 띠게 되겠지요. 우리는 이런 알맹이를 이온이라고 부른답니다. 그리고 전하를 띤 이온은 전극 사이를 이동할 수 있어요. 주변에서 흔히 볼 수 있는 배터리는 바로 이런 이온의 이동 원리를 이용한 거예요.

#전기분해 #이온 #전기를_띤_물질 #스토니 #전자 #전하 #질량 #핵 #양성자 #중성자 #배터리

전자

톰슨이 발견한 전자 이야기

고대 그리스 원자론자들이 주장하던 '원자'에 대해 앞에서 잠시 이야기했지요. 원자는 천 년이 넘는 세월 동안 거의 잊혔다가 돌턴에 의해 부활하여 19세기에 이르러 화학 현상을 설명하는 주요 개념으로 떠오릅니다. 과학자들은 원자라는 알맹이의 개념을 이용하여 화학 반응 동안 발생하는 질량과 부피의 변화 그리고 반응물과 생성물들 사이의 비례관계를 설명할 수 있게 되었어요. 덕분에 원자가 더 작은 입자로 쪼개질 수 있다고 생각할 필요가 없었지요. 그러나 19세기 말에 들어 과학계에는 새로운 바람이 불기 시작했답니다. 이 시기의 과학자들은 한결 개선된 실험 장치를 이용해 과거에는 할 수 없었던 높은 온도와 압력, 높은 전압과 전류, 높은 수준의 진공 상태를 이용하여 새로운 실험에 뛰어들었습니다.

　이 시기, 많은 과학자가 유리병에 각종 기체를 넣고 분리된 양극과 음극의 사이에 높은 전압을 걸었을 때 나타나는 발광(빛을 냄)현상에 큰 관심을 두고 있었어요. 이런 현상은 현재 우리가 사용하는 전구와 각종 조명기구의 발광 원리이기도 하지요. 그런데 어떤 과학자들은 이와 반대로 유리병에서 기체를 빼내서 진공 상태로 만든 후 전극 사이에 높은 전압을 흘리면 어떤 일이 발생하는지를 연구하기도 했어요. 진공 상태의 유리관에서는 기체가 전기를 전달할 수 없으므로 양극과 음극이 분리된 경우 전기가 흐를 수 없을 거예요. 그런데 높은 전압의 전기를 흘려주면 이상하게도 전류가 흘렀습니다. 골드스타인Eugen Goldstein은 이 현상이 음극에서 양극을 향해 어떤 물질이 이동하기 때문이라고 생각했고, 이것을 음극선cathode ray이라고 불렀답니다. 음극선의 신기한 현상은 과학자들의 호기심을 자아냈어요. 뢴트겐은 이 음극선을 금속에 쪼여서 엑스선x-ray을 발생시켰고요.

그 무렵, 영국의 케임브리지 대학에 있는 캐번디시 연구소에는 27세의 젊은 과학자 톰슨Joseph John Thomson이 새로운 책임자로 부임했습니다. 그는 음극선 현상에 큰 흥미를 느끼고 즉시 실험에 착수했어요. 톰슨은 음극선이 음전기를 띤 입자들의 흐름일 것으로 생각했는데, 이를 증명하기 위해서는 그 입자의 질량과 전하를 측정해야 한다고 생각했어요. 그러나 당시 그가 가진 실험 장치로 이런 작은 질량과 전하값을 측정하는 것은 불가능했어요. 결국 그는 각각을 따로 측정하는 대신 질량 대 전하 비율을 측정하기로 마음먹었답니다. 수학과 물리학 이론에 아주 능했던 톰슨은 이런 값은 음극선의 입자들이 전기장과 자기장을 통과할 때 발생하는 편향(휘어짐)을 이용하면 계산할 수 있을 것으로 생각했죠. 그래서 그는 음극선이 발생하는 유리관에 전기장과 자기장을 걸어줄 수 있는 실험 장치를 고안해서 실험을 시작했습니다. 톰슨은 이 실험을 통해 음극선 입자의 질량 대 전하 비율을 측정할 수 있었어요. 그리고 또 한 가지 흥미로운 사실을 알게 되지요. 그것은 음극판의 물질을 다른 것으로 바꾸어도 질량 대 전하 비율이 거의 일정하게 나온다는 사실이었습니다. 이로써 톰슨은 음극선의 알맹이는 물질의 종류와 무관한, 즉 모든 물질이 갖고 있는 공통된 작은 입자라는 생각을 하게 되었답니다. 그리고 톰슨은 이 실험의 공로로 1906년 물리학 분야에서 노벨상을 받습니다.

우리는 현재 톰슨의 이 실험을 통해 전자를 발견했다고 여깁니다. 하지만, 사실 이 상태만으로는 전자라는 입자의 존재가 완전히 밝혀졌다고는 볼 수 없어요. 즉 톰슨이 알아낸 전자의 질량 대 전하 비율이 아닌 전자의 질량과 전하가 온전하게 측정되어야만 전자의 실체가 분명해집니다. 우리는 그 비율을 이미 알고 있으므로 질량 혹은 전하 둘 중의 하나만 측정하게 되면 전자의 실체가 드러나게 될 거예요.

#새로운_실험에_뛰어들다 #엑스선 #질량_대_전하_비율 #톰슨 #노벨상 #전자의_실체

핵
악어 선생이 찾은
원자 속 알맹이

톰슨이 원자보다 더 작은 입자가 존재할 수 있다는 가능성을 열면서 "원자에서 전자를 떼어낸 나머지는 무엇일까?" 하는 새로운 의문이 생겼어요. 톰슨의 실험을 바탕으로 과학자들은 원자는 마치 말랑한 젤리에 과일이 박혀 있는 푸딩 같은 형태일 거라고 생각했답니다. 여기서 과일은 음전하를 띤 전자이고 나머지 젤리 부분은 양전하를 띤 원자의 나머지 부분이지요. 톰슨의 실험을 바탕으로 한 이러한 원자 모형을 흔히 푸딩 모형 또는 콩떡 모형이라고 부른답니다.

톰슨이 캐번디시 연구소에서 저명한 과학자로 연구와 후학 지도에 심혈을 기울이고 있던 시기, 괄괄한 목소리를 가진 뉴질랜드 출신의 학생 하나가 맨체스터 대학으로 유학을 왔습니다. 그의 이름은 러더퍼드Ernest Rutherford였어요. 그는 캐번디시 연구소에서 톰슨의 지도를 받으며 전자기파와 방사선에 대한 많은 연구를 수행했어요. 이후 캐나다 맥길대학의 교수가 되었고, 얼마

지나지 않아 지도교수인 톰슨의 후임이자 캐번디시 연구소의 책임자로 부임했답니다. 그리고 그는 원자 모형이 정말 푸딩 모양인지 확인하겠다고 마음먹습니다.

러더퍼드는 자신의 연구 경험을 토대로 방사선 중에서 양전기를 띠고 있는 알파선을 매우 얇은 금박gold foil에 쬐는 실험을 했어요. 이때 금박을 투과하는 알파입자와 충돌 후 튕겨 나오는 알파입자의 수를 세어보았답니다. 금은 연성(늘어나는 성질)이 커서 매우 얇게 만들 수 있어요. 러더퍼드가 만든 금박은 단지 원자 몇 개로 된 층상 구조를 가진 얇은 막이었답니다. 반면에 알파선은 매우 투과력이 강한 방사선이에요. 알파선의 투과력이면 얇은 금박은 아무 문제 없이 쉽게 투과하겠지요. 그런데 이상한 일이 발생했어요. 예측대로 대부분의 알파선은 쉽게 금박을 투과했는데, 확률적으로 작지만 아주 가끔 금박을 투과하지 못하고 튕겨 나오는 알파선이 발견됐어요. 러더퍼드는 당시 실험 상황에 대해 "이것은 마치 한 장의 종이에 15인치 대포를 쏘았을 때 그것이 되돌아와 당신을 맞추는 것과 같다."라는 회고를 남겼어요. 실험을 계속해 보니 튕겨 나오는 것 이외에도 휘어지는 경로를 보이는 알파선도 발견되었어요. 러더퍼드는 이 실험 결과를 바탕으로 원자의 내부에는 매우 딱딱한 부분이 있으며 이 부분은 매우 작고 양전하를 띠고 있다고 결론지었습니다. 원자의 질량 대부분이 작은 부피에 집중되어 있다면 거기에 충돌한 알파선은 투과하지 못하

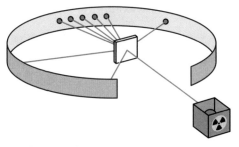

↑ 러더퍼드의 실험

고 튕겨 나올 것이기 때문이지요. 또 이 부분이 양전하를 갖고 있
다면 같은 양전하를 띤 알파선이 부근을 지날 때 반발력으로 인
해 휘어질 수 있을 거예요. 러더퍼드는 이 딱딱하고 작은 양전하
를 띤 원자 속 알맹이를 핵nucleus이라고 불렀답니다.

　톰슨과 러더퍼드가 재직하는 동안 영국의 캐번디시 연구소
는 원자 연구의 성지가 되었고, 수많은 학생과 교수가 연구에 전
념하여 과학사에 금자탑을 세웠답니다. 캐번디시 연구소 건물에
는 학생들이 그려놓은 악어 그림이 있는데, 그 주인공이 러더퍼
드 선생이에요. 그의 목소리는 유독 커서, 학생들은 러더퍼드가
연구실로 오고 있다는 것을 금방 알아차렸다고 해요. 마치 피터
팬에 나오는 후크선장과 시계 악어 이야기처럼 말이지요.

Q　#푸딩_모형 #금의_연성 #알파선 #방사선 #양전기 #원자_속_알맹이 #악어_선생_러더퍼드

전자의 전하량
밀리컨, 전자의 물리량을 측정하다

톰슨의 음극선관 실험 이후 원자보다 더 작은 입자인 전자의 존재가 가시적으로 다가왔지만, 전자의 질량과 전하값 같은 작은 값을 구할 수 없어 확실한 물리량을 알지 못하는 상태가 지속됐어요. 1909년 미국 시카고 대학의 교수였던 밀리컨Robert Andrew Millikan은 미궁에 빠져 있던 전자의 물리량을 측정할 수 있는 기발한 방법을 생각했어요. 그는 전자 한 개의 물리량이 너무 적어서 직접 측정할 수 없다면 여러 개가 모인 집단의 물리량을 측정한 후에 그로부터 하나의 값을 도출해낼 수 있다고 확신했답니다. 이 실험을 위해 밀리컨이 고안한 장치는 아주 단순해서 누구나 쉽게 만들 수 있을 정도였지요. '밀리컨의 기름방울 실험Millikan's oil-drop experiment'이라고 불리는 이 역사적인 실험은 아주 간단한 실험 장치만으로 놀라울 정도로 작은 물리량을 도출할 수 있었던 인간 지성의 본보기가 될 만한 일이었어요.

이 실험이 어떤 순서로 진행되었는지 볼까요? ① 우선 작은 분무기를 통해 기름방울을 분무합니다. ② 미세한 기름방울이 공기 중에 있는 다수의 전자를 포획하여 음전하를 띠게 됩니다. ③ 음전하를 띤 기름방울은 중력의 영향으로 +와 −로 하전荷電된 두 개의 구리판의 구멍 안으로 떨어지는데, 이때 +극은 기름방울을 잡아당기고 −극은 기름방울을 밀어냅니다. ④ 두 구리판 사이에 흐르는 전기량을 정밀하게 잘 조절하면 기름방울을 공중에 띄워서 멈추게 할 수 있습니다. 기름방울이 공중에 정지하면, 구리판 사이에 흘려준 전기량을 측정합니다. ⑤ 앞 과정을 반복하여 전기량 값을 계속 측정합니다.

　밀리컨은 수년간 실험을 계속했고 구리판 사이에 흘린 전기량을 측정했어요. 그는 전기량과 중력 그리고 공기의 마찰력을 이용하여 전기량과 기름방울에 붙어 있는 전자들의 전하량 사이의 관계식을 얻어냈어요. 이 식을 이용하면 밀리컨이 측정한 데이터는 기름방울에 붙어 있는 전자들의 전하량을 전부 더한 값으로 바뀌는 것이에요. 이제 기름방울에 붙어 있는 전자의 개수만 알아낸다면 전자 1개의 전하량을 계산하는 것은 식은 죽 먹기나 다름없겠죠. 하지만 문제가 있었어요. 기름방울에 붙어 있는 전자가 몇 개인지 알아낼 방법이 전혀 없고 그 개수도 실험할 때마다 계속 변했거든요. 정말 난감했겠죠? 이 상황에서 밀리컨은 아주 기초적인 수학지식을 적용하는 묘수를 떠올렸어요. 그가 가진 수많은 데이터가 기름방울에 붙어 있는 전자들(개수를 모르는)의 전

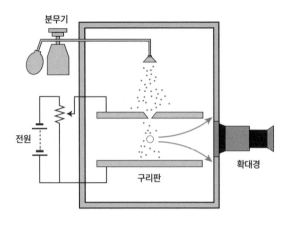

분무기

전원

구리판

확대경

↑ 전자의 전하 측정

하를 더한 값이라면, 이 값은 어떤 수의 배수일 것이 분명했어요. 그는 그 어떤 수를 찾기 위해 수많은 데이터의 최대공약수를 찾기로 결심합니다. 그 많은 데이터에서 하나의 공통되는 수, 즉 최대공약수를 찾는 일은 매우 험난했어요. 그러나 많은 시도 끝에 마침내 그는 모든 데이터에서 공통으로 나타나는 매우 작은 어떤 수를 찾아내는 데 성공합니다. 그 수는 1.6을 1억으로 나누고 또 1억으로 나누고 다시 1,000으로 나눈 수였어요. 이 수를 수학적으로 표시하면 1.6×10^{-19}C이고 현재 우리는 이 값을 '전자의 전하량'이라고 부릅니다. 이 실험이 성공하면서 음전하를 띤 '전자'라는 입자의 실체가 우리 앞에 완전히 드러났어요.

🔍 #집단의_물리량 #밀리컨 #전기량 #중력 #마찰력 #최대공약수 #전자_입자 #밀리컨_유적실험

원자의 구조

더 자를 수 없는 알갱이를
나누고 나누어

원자atom라는 말은 더 자를 수 없는 알맹이를 의미하지만, 원자는 분명히 더 작은 알맹이로 나누어진답니다. 원자는 원자보다 더 작은 알맹이로 만들어져 있기 때문이에요. 원자핵nucleus을 만드는 것은 양성자proton와 중성자neutron예요. 또 그 주변에는 전자가 있어요. 이들이 어떤 형태로 원자를 만드는지 궁금하지 않나요?

양성자와 중성자는 핵력nuclear force이라고 불리는 아주 강한 힘으로 매우 단단하게 뭉쳐져서 아주 작고 밀도가 매우 높은 핵을 이루고 있으며, 핵은 원자의 중앙에 있어요. 실험적으로 알려진 바에 의한 것인데요, 이 원자핵의 크기는 원자의 크기에 비하면 아주 작답니다. 비유하자면, 원자가 학교 운동장만 한 크기(반경 100m)라고 했을 때 원자핵은 대략 좁쌀 1개 정도의 크기에 지나지 않아요. 원자 안에서 핵을 찾는 것은 매우 어렵겠지요. 그런데 놀랍게도 이 작은 원자핵이 원자 질량의 대부분을 차지하고 있답니다. 제일 가벼운 수소의 원자핵도 전자의 질량에 비해 약

2,000배나 무거워요. 이것은 전자들의 질량이 원자의 질량에 미치는 영향은 거의 무시할 정도라는 말이지요.

원자핵과 전자는 서로 정전기적 인력에 의해 서로 구속됩니다. 양전하(+)를 띤 핵과 음전하(-)를 띤 전자가 서로 잡아당기고 있어요. 그런데 이렇게 서로 반대되는 전하를 띤 것이 움직이지 않고 가만히 있다면 결국에는 서로 붙어버리고 말 거예요. 그러나 원자핵과 전자는 서로 붙어 있지 않고 어느 정도 거리를 두고 떨어져 있답니다. 이 말은 서로 잡아당기는 인력에 반대되는 힘이 존재한다는 뜻이고, 이런 힘을 가장 손쉽게 만들 방법은 전자가 핵 주위를 공전한다고 가정하는 것이에요. 전자가 핵 주위를 공전할 때 발생하는 원심력과 핵과 전자의 인력이 조화를 이루면 적당한 거리를 두고 궤도운동을 할 수 있기 때문이죠. 수소를 제외한 대부분의 원소는 전자가 여러 개이므로 마치 태양계의 행성들처럼 원자핵을 중심으로 전자들이 궤도운동을 한다고 생각하

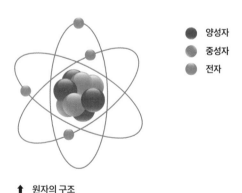

● 양성자
● 중성자
● 전자

↑ 원자의 구조

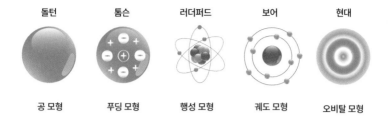

돌턴	톰슨	러더퍼드	보어	현대
공 모형	푸딩 모형	행성 모형	궤도 모형	오비탈 모형

⬆ 원자 모형의 변화

면 돼요. 이런 멋진 구조의 원자를 행성 모형planet model이라고 부른답니다.

행성 모형의 원자 구조는 덴마크 물리학자 보어Niels Henrik David Bohr의 전자 궤도 모형을 형상화한 것이에요. 그러나 이후 더욱 발전된 현대물리학 개념에 의하면 원자 내의 전자는 특정한 궤도 위에서(태양계의 행성들처럼) 공전 운동을 하고 있지 않으며, 원자 전체에 구름처럼 퍼져 존재한다고 해요. 따라서 전자의 위치와 속도를 정확하게 특정하는 것은 원칙적으로 불가능하며 단지 확률로 판단할 수 있답니다. 즉 '핵에서 얼마나 떨어진 위치에 전자가 있을 확률은 얼마'라는 식의 수치로 나타내는 것이지요. 이와 같은 현대적 원자 개념을 오비탈orbital 모형이라고 부르며 현대 화학은 모두 오비탈의 개념 위에서 발전하고 있어요.

그렇다고 해서 행성 모형의 원자 구조가 아주 쓸모없는 것은 아닙니다. 비록 올바른 이론은 아니지만 행성 모형은 원자 내에 있는 핵과 전자들을 간단하게 도식적으로 나타내거나 전자들을 화학적 목적에 의해 분류할 때 유용하게 사용된답니다. 이런 이유로 행성 모형은 아직도 사람들이 습관적으로 원자를 표현할 때 사용해요. 그러나 행성 모형이 원자의 실제 구조가 아니라는 것은 분명히 알고 있어야 해요.

원소들에는 주기적인 성향이 있어요

연금술이 수천 년간 유행하면서 인류의 화학 지식은 엄청나게 증가했지만, 이 지식을 체계적인 학문으로 만들어줄 기초 지식, 특히 원소에 대한 지식은 아주 제한적이었답니다. 17세기까지 사람들이 알고 있던 원소는 이미 고대부터 알려졌던 금속들과 탄소, 나트륨, 칼륨, 인 등 10개 정도에 불과했어요. 18세기 들어서 기체들의 정체가 밝혀지면서 수소, 산소, 질소와 같은 기체 상태의 원소들이 추가되었지만, 돌턴이 원자론을 부활시킨 19세기 초까지도 사람들은 대략 20여 개 원소밖에 알지 못했어요. 그러다가 19세기에 들어서 다양한 분석과 실험방법이 등장하면서 이후 매우 많은 원소가 발견됐지요.

　과학자들은 원소들을 표로 만들어 정리했고, 처음에는 질량의 순으로 나열했답니다. 그러다 보니 어떤 원소들은 서로 비슷한 성질을 띤다는 것을 알게 됐지요. 우리가 피아노 건반을 순서대로 누르다 보면 8개마다 비슷한 소리가 나듯 원소들도 비슷한 주기적 성향이 있다는 점을 발견한 거예요. 실제로 원소들을 질량 순으로 나열하면 8개마다 비슷한 성질이 반복되어서 한때는 이 주기성을 '옥타브 법칙'이라고 부르기도 했어요. 그러다가 1869년 러시아의 화학자 멘델레예프Dmitri Mendeleev가 원소들을 규칙적으로 배열하면서 아직 발견되지 않은 원소들의 자세한 성질을 미리 예언했고, 또 이미 발견된 일부 원소는 원자량이 잘못 측정되었다고 주장합니다. 얼마 후, 멘델레예프가 성질을 예언했던 원소들이 속속 발견되면서 그의 주장이 사실임이 실험적으로 입증됐어요. 그의 제안으로 만든 원소 주기율표는 새로운 원소 발견에 더욱 불을 지폈어요. 이후 많은 원소가 주기적 유사성을 이용한 예측을 통해 속속 발견되었고 일부 원소는 실험 장치를 통하여 인공적으로 합성되어 현재까지 118개의 원소가 알려져 주기율표를 채우고 있답니다.

원소를 질량 순으로 나열한 초기의 주기율표는 일부 원소가 성질이 맞지 않는 문제점이 있었어요. 니켈은 코발트보다 질량이 작았는데, 원소의 유사성으로 보면 순서가 바뀌어야 했지요. 영국의 과학자 모즐리Henry Moseley는 질량이 아니라 원자핵의 양전하 수(양성자의 개수)에 따라 정해야 한다는 모즐리의 법칙을 발견합니다. 사실 그때까지만 해도 원자핵 속에 있는 더 작은 입자(양성자

#기체의_정체 #원자론의_부활 #옥타브_법칙 #멘델레예프 #양전하 #양성자 #모즐리의_법칙

와 중성자)에 대한 정확한 지식이 없었기 때문에, 그의 연구는 원자핵 속에 있는 더 작은 입자를 연구하는 발판이 되었어요.

흔히 원소element와 원자atom를 혼동하는 경우가 많습니다. 원소는 다른 물질로 더는 분해되지 않는 한 가지 원자로 된 물질의 기본 단위를 말합니다. 예를 들어, 물을 전기분해하면 수소와 산소가 발생해요. 이때 발생한 수소와 산소는 더 이상 분해되어 다른 물질로 바뀌지 않습니다. 즉 산소와 수소는 그 자체로 물질이며 기본 단위입니다. 그러나 물은 더 작은 물질로 분해가 되므로 기본 단위라고 말할 수 없겠지요. 따라서 우리는 산소와 수소는 원소라 하며 물은 화합물이라고 해요. 한편 원자는 물질, 즉 원소나 화합물을 구성하고 있는 기본 알맹이를 뜻한답니다.

011

동위원소

이름은 같지만
원자량이 다른 원소들

20세기 초, 많은 과학자가 방사선을 내는 원소들을 연구했습니다. 여러분들이 잘 알고 있는 마리 퀴리Marie Curie도 마찬가지고요. 마리 퀴리는 이 과정에서 라듐이라는 원소를 발견하여 노벨 화학상을 받았습니다. 방사선이란 투과력이 매우 높은 에너지의 흐름으로 지금은 그 정체가 밝혀졌지만, 당시에는 아주 신비로운 현상으로 생각되었어요. 방사선 연구는 과학자들뿐만 아니라 일반 대중에게도 매우 인기가 있어 방사능 원소가 함유된 다양한 제품들이 미용에 사용되고 민간요법으로 병을 치료하는 데에 특별한 효능이 있다고 입소문을 타서 큰 인기를 끌었어요. 사실 매우 위험한 일이었지만 당시엔 과학자들조차도 방사능의 위험성을 모르고 있었어요. 실제로 마리 퀴리도 연구 강연을 다닐 때마다 라듐과 같은 원소를 가방에 넣어 다니며 사람들에게 보여주곤 했답니다.

이후에도 방사선을 내는 원소가 더 많이 발견되고, 체계적으로 연구되었습니다. 이에 따라, 자연계의 원소들이 한 가지 핵으로만 이루어진 것이 아니라 여러 가지 다른 핵종들이 혼합되었음을 알게 되지요. 앞에서 원소의 번호는 원자량이 아니라 원자 번호(양성자의 개수)에 따라 정한다고 했지요. 그렇다면 양성자의 개수는 같지만, 중성자의 개수가 다른 원자핵을 갖는 원소가 있다면 어떻게 할까요? 그런 원소들이 있다면 그 원소들의 이름(원소 기호)은 같겠지만 원자량은 다를 것입니다. 우리는 이런 원소를 동위원소isotope라고 부릅니다. 실제로 자연계에서 발견되는 원소들에는 다양한 동위원소들이 존재해요. 또 입자가속기나 원자로 같은 실험 장치를 이용해 동위원소를 인공적으로 만들 수도 있답니다.

우주에서 가장 흔한 원소가 뭔지 알고 있나요? 바로 수소H예요. 수소는 원자 번호가 1번, 즉 양성자가 1개인 핵을 가지고 있지요. 그런데 실제로 수소는 자연계에서 3가지 종류의 동위원소들로 발견된답니다. 양성자 1개만을 갖는 수소(질량=1), 양성자 1개와 중성자 1개를 갖는 중수소(질량=2), 또 양성자 1개와 중성자 2개를 갖는 삼중수소(질량=3)가 모두 수소의 동위원소예요. 또 생물을 구성하는 가장 기본적인 원소인 탄소도 C-12(^{12}C, 양성자 6+중성자 6), C-13(^{13}C, 양성자 6+중성자 7), C-14(^{14}C, 양성자 6+중성자 8) 등 여러 동위원소가 있어요.

#마리_퀴리 #방사선 #라듐 #노벨화학상 #방사능의_위험성 #양성자 #중성자 #개수 #원자량

동위원소 중에는 방사선을 방출하는 것들도 있답니다. 동위원소 중에서 일부 불안정한 것들은 방사선을 방출한 후, 안정한 다른 핵종으로 붕괴하여 결국 다른 원소로 변환되기도 해요. 이렇게 방출되는 방사선은 일반적으로 위험하지만, 특정한 원소들의 동위원소들은 제한적으로 사용하면 매우 유용하게 사용될 수 있답니다. 실제로 다양한 방사성 동위원소들이 의학계에서 치료 목적으로 사용되고, 특수한 의료용 영상 제작이나 물질 분석의 목적으로 이용됩니다. 또, 오래된 물건 속에 있는 C-14의 존재량을 측정해 그 물건의 연도를 알아내는 데 이용합니다.

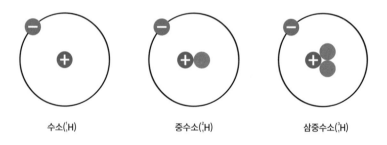

수소($_1^1$H)   중수소($_1^2$H)   삼중수소($_1^3$H)

↑ 수소의 동위원소

마리 퀴리와 그의 남편 피에르 퀴리 그리고 딸 이렌 졸리오 퀴리는 방사선과 동위원소를 연구하던 과학자였답니다. 이들은 연구 도중 많은 방사선을 쬐었고 그 결과 건강이 매우 좋지 않았어요. 마리 퀴리와 딸 이렌은 방사성 물질 피폭으로 인한 다양한 질병에 시달리다가 결국 백혈병으로 사망했답니다. 반면 마리 퀴리의 다른 자녀인 이브 퀴리는 과학자가 아니었는데, 그녀는 100세를 넘게 장수했어요. 마리 퀴리의 남편 피에르 퀴리는 불의의 교통사고로 젊은 나이에 생을 마감했답니다.

012

토리노의 성의
종교적 진실과 과학적 진실은 타협할 수 있을까?

인류 문명은 얼핏 물질 위주로 발전한 것처럼 보이지만, 꼭 그렇게 단정할 수만은 없습니다. 동서고금을 막론하고 인간의 정신이 문명 발전에 크게 기여한 것이 분명하니까요. 특히 종교는 고대로부터 지금까지 인류의 문명 발전에 지대한 공헌을 했어요. 그 중에서 기독교는 현재 주류 서양 문명의 구심점이라고 부를 만해요.

기독교는 기원전 2,000년 경 중동 지방의 토속 종교 중 하나인 유대교에서 시작되었지만, 기원후 1세기 무렵 탄생한 예수 그리스도의 영향으로 로마의 국교가 되었습니다. 이후 중세와 근대를 거쳐 전 세계로 전파되어 현재에 이르렀어요. 그러다 보니 기독교를 믿는 모든 사람에게는 예수의 가르침과 그의 존재에 대한 믿음이 신앙 그 자체와 다름없는 거죠. 예수의 탄생과 죽음 그리고 부활에 관한 이야기는 성경에 기록되어 있지만, 약 2,000년 전의 일이고 오래된 초기 기독교 문서를 통해 전해진 것이기에 그

진위를 의심하는 사람도 많아요. 특히 예수의 일생을 다룬 기록이 로마의 기독교 공인 과정에서 다소 과장되고 미화되었다고 생각하는 사람들도 있어요. 하지만 일부 기독교 신자들은 예수의 장례 시 사용한 수의를 증거로 제시하며 그에 대한 성경의 기록이 진실이라고 주장하기도 합니다.

토리노의 성의Shroud of Turin라고 불리는 예수의 수의는 현재 이탈리아 토리노 대성당에 보관되어 있는데, 사람들은 그것이 신약성경 복음서에 나오는 예수를 장사 지낼 때 사용했던 천이라고 믿습니다. 성경에 기록된 내용을 보면, 예수를 십자가에서 내려 천을 수의 삼아 장례 지냈는데, 사망 후 사흘이 지나 제자들이 무덤에 가 보니 수의만 남고 예수가 부활했다고 하죠. 하지만 이 천은 예수시대 이후 자취를 감췄다가 14세기경 프랑스에서 나타났어요. 그리고 여러 사람의 손을 거쳐 현재는 토리노 대성당에 보관되고 있어요. 이런 정황만으로 보면 이 천이 예수의 진짜 수의라고 믿기란 어려울 거예요. 실제로 이후 많은 사람이 이 수의의 진위를 의심했고요.

그러다 19세기에 들어 놀라운 일이 벌어졌어요. 이탈리아의 한 사진작가가 왕의 허락을 받아 이 수의를 촬영합니다. 그런데 그 수의에 남아 있던 혈흔과 체액이 성경에 기록된 예수의 형상과 놀라울 정도로 일치했던 거예요. 이후 과학계와 종교계는 이 수의의 진위를 두고 격론을 벌였어요. 당장 이 수의의 진위를 철저히 검증해야 한다는 주장이 대세를 이루자 영국, 미국, 스위스 3개국에서 모인 저명한 과학자팀이 이 천의 미세 샘플을 넘겨받아 방사성 동위원소를 이용한 연대 측정을 실시했어요. 소재가 마인 이 천의 주성분은 탄소인데, 탄소에는 C-12, C-13, C-14의 동위원소들이 섞여 있지요. 살아 있는 생명체는 이 생명 활동을 통해 동위원소의 비율이 거의 일정하게 유지되는 데 반해, 생명 활동이 중단되는 경우 그 비율은 바뀔 수 있어요. 특히 C-14 같은 방사성 동위원소는 방사능을 내면서 질량이 감소합니다. C-14의 경우 총질량이 절반으로 감소하는 데 5,720년이 걸려요. 이 기간을 반감기half life라고 부르는데, 현재 샘플에 남아 있는 C-14의 양을 반감기와 비교하면 이 샘플이 얼마나 오래된 것인가를 알 수 있습니다.

결과는 매우 실망스러웠어요. 동위원소 측정 결과 이 샘플은 대략 기원후 1300년경에 만들어진 것으로 판명되었고, 혈흔이라고 알려진 것도 실은 물감일 가능성이 크다는 결론이 나와 있는 상태예요. 그럼에도 여전히 이 천이 예수의 성의라고 믿는 사람들이 많아요. 종교적 진실과 과학적 진실은 과연 타협할 수 있을까요?

🔍 #방사성_동위원소 #연대_측정 #주성분 #반감기 #종교적_진실 #과학적_진실 #예수의_성의

013

핵분열

파괴와 평화라는
두 얼굴을 가진 기술

원자핵이 더 작은 입자인 양성자와 중성자로 이루어졌다는 사실
이 밝혀지면서 과학자들이 새로운 연구를 시도할 계기가 마련되
었어요. 1930년대 무렵 원자핵과 동위원소들을 연구하던 과학자
들은 원자핵에 중성자를 쪼이면 새로운 원소를 만들어낼 수 있을
것으로 생각했습니다. 전기를 띠지 않는 중성자는 양전기를 띤
핵에 반발력의 방해 없이 아주 가까이 갈 수 있을 테니 원자핵에
부딪히게 하면 새로운 원소를 만들 수 있겠구나 하고 기대한 거
예요. 이탈리아의 세계적인 물리학자 페르미Enrico Fermi는 우라늄
에 중성자를 쪼이는 실험을 하였고 그 결과로 새로운 원소가 생
성된다는 것을 알아냈답니다. 페르미의 연구에 흥미를 느낀 독
일의 한Otto Hahn과 마이트너Lise Meitner도 1938년 같은 실험을 하
였는데, 실험 결과를 해석하는 과정에서 우라늄의 동위원소인
U-235가 핵분열을 일으킨다는 사실과 그 과정에서 다량의 방사
선과 큰 에너지가 방출된다는 점을 발견했어요.

이 실험 결과가 알려진 1938년은 제 2차 세계대전이 일어나기 바로 직전이었어요. 이런 연구 결과가 자칫 핵분열로 발생하는 큰 에너지를 폭발물로 사용할 가능성이 있었죠. 그러나 자연 상태에서 미량으로 존재하는 우라늄 동위원소인 U-235를 추출하여 폭발물을 만드는 것은 매우 어렵고 비용이 많이 드는 일이었답니다. 이때, 유대계인 마이트너와 부인이 유대계였던 페르미는 히틀러 정권의 탄압을 피해 서방으로 망명했어요. 그 과정에서 독일은 원자폭탄 제조에 성공하지 못했고 연합국에 속한 미국이 제조에 성공했어요. 하지만 폭탄이 거의 완성될 무렵 독일은 전쟁에서 패망하고 말아요. 결국 완성된 원자폭탄은 독일이 아닌 일본과의 전쟁에서 사용되고 일본의 무조건 항복으로 2차 세계대전은 끝났습니다.

한편, 폭탄의 제조 과정에서 과학자들은 원자력을 폭탄이 아닌 인류의 복지를 위해 평화적으로 사용할 수 있는 방법을 찾아냈어요. 폭발이라는 현상은 어떤 반응이 매우 빠른 속도로 일어나는 것이에요. 만약 핵분열의 속도를 아주 천천히 일어나도록 제어할 수 있다면 그 과정에서 발생하는 큰 에너지를 이용해 터빈을 돌리고 전기를 생산할 수 있을 것입니다. 미국으로 망명한 페르미는 우라늄의 핵분열 과정에서 방출되는 중성자를 흡수하여 핵분열의 속도를 제어하는 기술을 개발했어요. 그리고 이렇게 만들어진 에너지로 원자로를 가동하는 데 성공합니다.

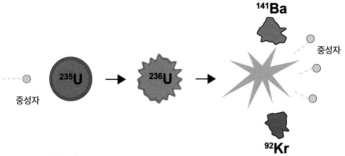

↑ 우라늄의 핵분열

　사실 페르미는 전기를 생산하려고 원자로를 만들기 시작한 것이 아니었어요. 추출하기 어려운 U-235 동위원소를 대체할 새로운 핵분열 물질인 플루토늄의 동위원소인 Pu-239를 인공적으로 만들어내는 과정에서 원자력 발전을 이용한 것이지요. 즉 핵분열이 일어나지 않는 원소인 U-238에 중성자를 쏘여 핵분열이 일어나는 Pu-239로 변환시키는 것이 목적이었고 그 과정에 원자로의 가동이 필요했던 것이었어요. 현재 우리나라에서는 전기 생산의 40% 정도를 원자력발전이 담당하고 있어요. 원자력은 매우 중요한 에너지원이지만, 그 과정에서 발생하는 핵폐기물은 몹시 위험하답니다. 사고로 누출될 위험성은 물론, 이것을 나쁜 용도로 사용하여 폭발물을 만드는 재료로 이용할 수도 있고요. 원자력은 야누스의 두 얼굴을 가진 고맙고도 위험한 기술입니다.

Q　#원자핵에_중성자를_쏘이면 #우라늄 #폭발_에너지_방출 #원자로 #플루토늄 #원자력_발전

원소명과 원소 기호

우주를 구성하는 물질의
바탕은 무엇일까?

지금까지 알려진 원소의 개수는 총 118개랍니다. 이는 우리가 알고 있는 우주의 모든 물질은 이 118개의 원소가 바탕이 되어 이루어졌다는 말이 될 거예요. 그런데 이 중 일부는 자연계에서 발견된 것이 아니고 실험 장치를 이용해 인공적으로 만들어낸 것도 있어요. 모든 원소는 각기 고유한 이름을 가지고 있어요. 오래전부터 사람들이 자연스레 불러왔던 것도 있고 연금술사들이 이름 붙인 것도 있고요. 국가 이름을 딴 것도 있고, 또 원자를 연구하던 과학자들의 공로를 인정하여 그 이름을 따온 것도 있지요.

원소 이름 중에는 이미 실생활에 많이 스며들어 친숙한 것도 많아요. 예를 들어 탄소, 산소, 수소, 금, 은, 구리 같은 것들이 있지요. 일부는 외국어 이름이 더 친숙한 것도 있습니다. 나트륨, 칼슘, 실리콘 같은 것들이 그래요. 원소들은 이름 말고도 고유한 기호로 표시하는 경우가 많아요. 사실 원소들을 기호로 나타내는 방법은 연금술의 시대부터 사용되었어요. 그러나 현재 우리가 사용하고 있는 원소 기호는 스웨덴의 화학자 베르셀리우스Jöns Berzelius의 제안을 따라 영어 대문자 또는 대문자와 소문자의 조합으로 나타낸답니다.

　우리가 자주 만나는 일부 원소의 기호는 실생활에서도 유용하게 사용됩니다. 탄소C, 질소N, 산소O, 나트륨Na, 칼슘Ca 등은 이미 우리에게 친숙하기도 하고 이름과 연관성이 있어서 쉽게 외워져요. 하지만 어떤 것들은 우리가 사용하는 이름과 전혀 다른 기호를 갖고 있어서 당황스러운 경우도 있습니다. 특히 금Au, 은Ag, 구리Cu, 텅스텐W, 철Fe이 그렇습니다. 원소의 이름은 영어에서 온 것도 있지만 라틴어, 고대 그리스어, 독일어 등 그 뿌리가 다양합니다. 근대 화학이 우리나라에 본격적으로 소개된 것은 개화기 이후예요. 근대적 화학 교육이 이루어진 것은 일제 강점기부터라고 할 수 있어요. 그래서 우리가 사용하는 원소 기호와 화학식에는 아직도 일본식 교육의 흔적이 일부 남아 있답니다. 우리가 흔히 사용하는 나트륨Na, 칼륨K은 본래 독일식 이름으로, 일본식 교육을 통해 우리에게 친숙하게 자리잡았으며 이는 현재 국제적으로 거의 사용하지 않아요. Na는 소듐Sodium, K는 포타슘Potassium으로 부르는 것이 더 일반적입니다. 원소의 이름을 체계적으로 공부하다 보면 다양한 인류 문명의 발달사에도 관심을 두게 되는 경우가 있어요.

　원소들은 질량수(양성자와 중성자의 개수)와 원자 번호(양성자 수)를 갖고 있어 원소 기호와 함께 표시하기도 합니다. 예를 들어 원자 번호가 6번이고 질량수가 12인 탄소는 다음과 같이 표시해요.

$$^{12}_{6}C$$

가끔 원소의 질량에 대해 의문을 제기하는 친구들이 있어요. 원소 주기율표에 나와 있는 원소들의 원자량을 보면 대부분 정수가 아니랍니다. 탄소의 경우 원자량이 12.011입니다. 자연계에서 발견되는 탄소에는 질량수가 12인 것 이외에도 13, 14 등 여러 동위원소가 섞여 있는데, 원자량은 이것들의 존재 비율에 따라 평균을 내서 정해졌기 때문이랍니다.

Q #118개_원소 #질량수 #원자_번호 #주기율표 #동위원소의_존재_비율 #근대_화학 #원자량

전자 구조
에너지에 따라 결정되는
전자의 포지션

화학은 물질 내부의 전자 이동에 의해 발생하는 현상을 연구하는 학문이에요. 화학 반응이라고 부르는 모든 현상은 사실 원자 주변에 있는 전자의 이동 때문에 나타나는 것입니다. 따라서 화학을 공부하기 위해서는 원자 내에 있는 전자들의 구조와 상태를 자세히 알 필요가 있답니다. 앞에서 전자들은 원자 내에서 정해진 궤도를 돌고 있는 것이 아니라 구름처럼 원자 전역에 퍼져 있다고 했지요. 그러면 이제 좀 더 자세히 알아볼까요?

원자의 중심에는 아주 작고 딱딱한 원자핵이 있습니다. 그리고 그 주변에 전자들이 포진해 있답니다. 전자들은 마치 축구 선수처럼 그라운드 내에서 어디든 맘대로 돌아다닐 수 있답니다(물론 때에 따라서 퇴장당하기도 하지요). 하지만 선수들에겐 각자가 맡은 영역, 즉 포지션이 분명히 있어요. 선수들은 이 포지션을 지켜야 하지만, 그 자리에만 있어야 하는 것은 아니고 필요에 따라 동에 번쩍 서에 번쩍하며 여기저기에 출몰할 수 있답니다. 보통은 자신의 정해진 위치에 제일 오래 머물죠. 전자들의 행동도 이와 비슷해요. 분명 자신에게 허락된 영역이 있지만, 그 영역 밖에서도 발견돼요. 그러나 확률적으로 자신이 맡은 영역에 많이 머무릅니다.

축구 선수들의 포지션을 그라운드에 표시해놓고 보면 마치 골키퍼를 기점으로 바깥쪽으로 겹겹이 껍질처럼 둘러싸고 있는 것 같습니다. 원자 내에 있는 전자들도 마찬가지예요. 이들에게도 각각 맡은 영역이 있습니다. 원자핵을 중심으로 전자들의 고유영역을 표시해놓고 보면 마치 껍질 같은 구조로 보이거든요. 물론 이 껍질이 양파나 호두처럼 항상 둥근 모양은 아니고 완전히 경계가 나누어진 것도 아니에요. 하지만 확률적으로 전자들이 자주 출몰하는 지역을 살펴보면 분명 껍질과 같은 형태를 가지고 있어요. 축구 선수들의 포지션은 선수 각자의 기량에 따라 정해집니다. 마찬가지로 원자 내에 있는 전자의 위치를 결정하는 것은 그 전자가 갖고 있는 에너지예요. 전자가 가진 에너지가 낮을수록(안정할수록) 안쪽에 위치할 확률이 높고, 반대로 에너지가 높을수록(불안정할수록) 바깥쪽에 위치할 확률이 높아요.

이제 다시 원점으로 돌아가보죠. 화학은 전자의 이동을 연구하는 학문이라고 했어요. 그렇다면 전자들은 각기 포지션에 따라 상대적으로 더 잘 이동하는 것도 있고 그렇지 못한 것도 있을 거예요. 원자 내의 전자들은 껍질구조로 되어 있는데 그중에서 가장 바깥에 위치한 껍질에 있는 전자들은 에너지가 높아서(불안정) 쉽게 위치를 이탈할 수 있답니다. 반면 안쪽에 있는 전자들은 여간한 외부 충격에도 잘 견디며 쉽게 위치를 이탈하지 않아요. 화학에서는 가장 바깥쪽 껍질에 있는 전자를 최외각 전자valence electron, 또는 '원자가 전자'라고 부른답니다. 반대로 안쪽 껍질에 있는 전자를 내부 전자core electron라고 부릅니다.

대부분의 화학 현상은 최외각 전자의 이동에 의해 발생해요. 우리가 알고 있는 물질의 연소, 새로운 물질로 변환되는 것, 또 화학 결합이 생성되고 분리되는 등등의 일들이 최외각 전자의 이동으로 나타나는 현상입니다. 원소마다 전자의 개수가 다르듯 최외각 전자의 개수도 달라요. 최외각 전자의 개수는 주기율표의 족 번호(세로줄의 번호)와 같답니다. 왼쪽 첫 번째 줄에 있는 수소H, 리튬Li, 나트륨Na 등은 최외각 전자가 1개이며, 오른쪽 끝 마지막 줄에 있는 헬륨He을 제외한 네온Ne, 아르곤Ar 등은 8개랍니다. 1개의 껍질에 들어가는 전자는 8개일 때 가장 안정적이라고 알려져 있어요. 따라서 최외각 껍질에 전자가 8개인 원소는 매우 안정된 상태라 화학 반응을 잘 일으키지 않는답니다. 그런데 헬륨은 최외각 전자가 2개지만 사실은 8개와 동일한 것으로 취급합니다. 첫 번째 껍질은 매우 작아서 전자가 2개 이상 들어갈 수 없기 때문이에요.

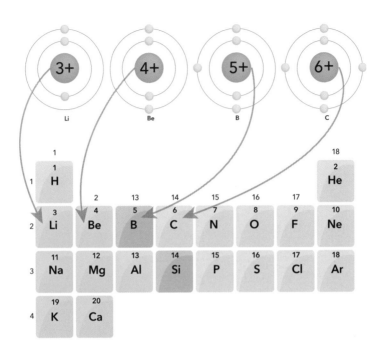

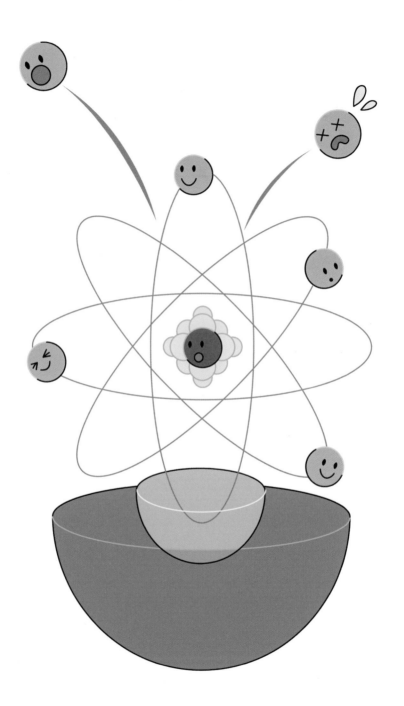

주기율표

전자의 껍질구조를 보여줘!

　　러시아 화학자 멘델레예프가 원소 주기율표를 처음 제안했지만, 그 이전에도 원소의 주기적 현상을 주장하는 학자가 여럿 있었답니다. 앞에서 '옥타브 법칙'에 대해 이야기했지요? 멘델레예프는 원소들이 반복해서 보이는 경향을 주기율표로 발전시켰고 이를 이용해 훗날 발견될 새로운 원소들의 성질을 미리 예언했어요. 주기율표로 이런 예언이 가능한 이유는 원소의 전자들이 껍질 구조로 되어 있고 그 화학적 성질은 껍질 구조와 관련해 반복되기 때문이에요. 그래서 누구나 주기율표를 이용하면 멘델레예프가 한 것처럼 원소의 대략적 성질을 예측할 수 있답니다. 주기율표는 멘델레예프가 만든 이후 지금까지 여러 차례 수정되어 현재의 형태를 갖추었어요. 주기율표는 가운데가 움푹 파인 약간은 불규칙한 모양이지만 대략 가로와 세로줄이 있는 사각 형태를 띠고 있지요. 여기서 가로줄을 주기period라고 부르는데, 왼쪽에서 오른쪽으로 갈수록 원자 번호(양성자의 개수)가 1씩 증가합니다. 주기는 전자 껍질을 의미해요. 즉 수소H와 헬륨He이 있는 첫 번째 주기(1주기)는 원자의 첫 번째 전자 껍질을 의미하며 수소와 헬륨 원자는 첫 번째 껍질에 각각 전자 1개와 2개가 들어 있다는 것을 의미해요. 1주기 원소는 껍질이 1개뿐이니 당연히 내부 껍질이 없으며 자체가 최외각 껍질이에요. 2주기 원소인 리튬Li, 베릴륨Be, 붕소B, 탄소C, 질소N, 산소O, 플루오린F, 네온Ne은 최외각이 두 번째 껍질입니다. 그래서 안쪽에 있는 첫 번째 껍질의 전자는 내부 전자가 되지요. 리튬Li은 원자 번호가 3이에요. 즉 전자를 3개 가지는데, 내부 전자에 해당하는 첫 번째 껍질에 이미 전자가 2개 있으므로 다음에 나오는 1개의 전자가 최외각 전자가 됩니다. 마찬가지로 베릴륨Be은 원자 번호가 4이고 전자가 4개이므로, 내부 전자 2개를 빼면 최외각 전자는 2개가 되겠지요. 2주기 맨 마지막에 있는 네온Ne은 원자 번호가 10이라서 최외각 전자는 10-2=8개랍니다. 3주기도 2주기와 유사합니다. 다만 내부 껍질이 2개이며 내부 전자는 총 2+8=10개가 돼요. 그리고 같은 방법으로 나트륨Na에서부터 마지막 아르곤Ar까지 최외각 껍질에 전자가 8개 들어갈 수 있어요. 한편 4주기 원소는 좀 달라져요. 주기율표를 보면 주기가 훨씬 길지요? 4주기에 있는 원소의 개수를 세어보면 18개가 될 것입니다. 여러분의 짐작처럼 4주기 원소들은 내부에 3개의 껍질이 있고 내부 전자는 2+8+8=18개입니다. 또 이 최외각 껍질은 1~3주기보다 훨씬 커서 전자가 18개

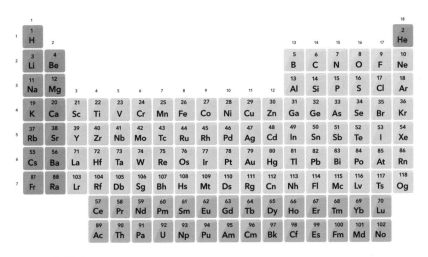

↑ 주기율표

까지 들어갈 수 있답니다.

주기율표의 세로줄은 족group이라고 불러요. 족의 번호는 최외각 껍질에 있는 전자의 개수를 나타낸답니다. 즉 1족은 최외각 전자 수가 1개이며 18족은 최외각 전자의 수가 18개입니다. 그런데 중간이 움푹 파여 있는 2주기와 3주기 원소는 비어 있는 10개의 원소를 제외하고 계산해야겠지요. 그래서 이들의 최외각 전자 개수는 1~8개가 됩니다. 최외각 전자의 수가 동일한, 같은 족에 속하는 원소들은 화학적 성질이 매우 유사해서 비슷한 반응성을 보이는 경우가 많아요. 예를 들어 첫 번째 족에 속하는 리튬Li, 나트륨Na, 칼륨K 등은 알칼리 금속이라고 부르는 원소로서 반응성이 매우 높으며 특히 물과 격렬하게 반응한답니다. 또 마지막

족에 있는 네온Ne, 아르곤Ar, 크립톤Kr 등은 비활성기체라고 부르며 반응성이 매우 낮은 안정한 기체예요. 화학 공부를 계속하다 보면 주기율표에 대해 더 자세히 이해할 수 있으니 미리 걱정하지 마세요. 화학은 원자 이외에도 분자에 대한 여러 지식을 필요로 하지만, 수준 높은 지식도 주기율표에 대한 기본적인 이해를 바탕으로 화학 결합과 반응을 살피면 어렵지 않게 익힐 수 있어요.

#멘델레예프 #원소의_성질 #주기 #전자_껍질 #족 #전자의_개수 #반응성 #성질 #결합

분자
화학 세상의 진짜 알맹이

원자론은 현대과학의 밑바탕이 되는 단순하고도 아름다운 결과입니다. 우리가 사는 우주가 고작 118종의 원소만으로 이루어진다니, 놀랍지 않나요? 너무 많아서 도저히 정리할 수 없을 것만 같았던 수많은 물질의 정보를 단순화하여 정리하고 연구할 길을 원자론이 열어주었어요. 그러나 물질의 성질과 변화의 본질을 제대로 이해하기 위해서는 원자들의 조합으로 만들어지는 또 다른 알맹이인 분자molecule를 알아야 해요. 분자는 수없이 많은 물질의 화학 정보를 가지고 있는 가장 작은 단위이기 때문이에요.

   예를 들어볼게요. 망치와 기타를 생각해볼까요? 망치 자루는 보통 나무, 몸체는 쇠로 만들어져 있지요. 기타의 몸체는 나무, 줄은 흔히 쇠줄이라고 부르는 금속 줄을 사용해요. 두 물건은 모두 철과 나무로 제작되지만, 쓰임과 성질은 전혀 다릅니다. 우리는 이 두 가지 물건을 다룰 때 철이나 나무라는 생각보다는 편리한 도구, 아름다운 소리를 내는 악기로 생각할 거예요. 철과 나무로 이루어졌어도 제품으로 완성되면 원재료보다는 그 쓰임과 새롭게 탄생한 성질에 더 관심을 두기 때문이지요. 분자라는 입자도 마찬가지예요. 분자는 원자들의 조합으로 이루어져 있습니다. 그러나 분자가 탄생할 때부터 지닌 원자들의 성질보다는 분자 자체가 가진 새로운 성질(주로 화학적 성질)이 주목받아요.

주변에서 흔히 볼 수 있는 물과 과산화수소수는 모두 수소H와 산소O로 이루어진 물질이에요. 물H_2O은 수소 원자 2개와 산소 원자 1개로 이루어져 있으며, 과산화수소수H_2O_2는 수소 원자 2개와 산소 원자 2개로 이루어져 있지요. 눈에 보이는 두 물질은 투명한 액체이지만 화학적 성질은 전혀 다르며, 따라서 쓰임새도 완전히 다를 거예요. 물은 우리가 늘 마시는 우리 몸에 꼭 필요한 물질이지만, 과산화수소수는 우리 몸에 침투한 나쁜 세균을 죽일 수 있는 소독용 의약품으로 사용됩니다. 만약 마시게 되면 죽을 수도 있는 위험한 물질이에요.

원자가 분자라는 새로운 성질을 가진 물질의 단위로 재탄생하기 위해서는 서로가 연결되어야 합니다. 우리는 이 연결 방식을 화학 결합chemical bonding이라고 불러요. 화학 결합은 원자핵을 둘러싸고 있는 전자들이 서로 재배치되며 원자들이 새롭게 재배치되는 현상이에요. 농구장에서 선수 10명이 코트로 들어서는 순간, 1개의 공을 서로 주고받으며 코트를 벗어나지 못하고 뭉쳐 있는 모습과 유사합니다. 분자를 구성하는 원자들이 저마다 가진

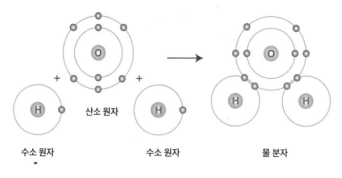

수소 원자   산소 원자   수소 원자   물 분자

⬆ 물 분자 구조

전자 중에서 일부를 공유해요. 마치 농구 코트의 농구공처럼 말이죠. 그렇게 되면 원자들끼리는 일정한 거리를 유지하면서 안정한 형태를 가지게 된답니다. 우리는 이러한 상태를 분자라고 합니다. 분자는 코트 위 농구 선수들처럼 각각의 특성도 중요하지만, 팀워크 그러니까 전체의 단합된 실력인 '성질'도 중요합니다. 원자들의 화학 결합으로 이루어진 분자는 필요에 따라서 그 결합을 끊어버릴 수 있어요. 그리고 새롭게 조합을 구성하여 전혀 다른 새로운 물질로 만들 수 있을 거예요.

 이쯤 되면, 여러분들은 화학 반응이라고 하는 것이 무엇인지 눈치챘나요? 맞아요. 화학 반응이란 어떤 물질을 이루고 있는 분자들의 전자들이 이동하여 새롭게 재배치되어 새로운 분자 무리를 이루는 현상이에요.

🔍 #원자들의_조합 #가장_작은_단위 #화학적_성질에_주목해요 #새로운_물질로_재탄생 #화학_결합

018

기체

불타는 플로지스톤과
눈에 보이지 않는 물질을 발견하다

우리 주변의 물질은 고체, 액체, 기체 이 3가지 상태 중 하나로 존재해요. 고체나 액체는 눈으로 보고 만질 수 있기 때문에 인지하고 다루는 게 어렵지 않아요. 하지만 눈에 보이지 않는 기체 물질의 실체는 비교적 최근에 알게 되었답니다. 인류가 이 땅에 문명을 이루며 살아온 지난 수천 년간 기체는 매우 신비로운 것이었어요. 아직도 우리는 기체의 '氣(기)'라는 글자를 신비롭게 받아들입니다. '신기하다'라고 할 때, '신기'라는 말에 들어 있는 '기' 자도 같은 의미랍니다. 이것은 우연이 아니며 오랜 역사를 통해 축적된 경험에서 비롯합니다. 오래전부터 인간은 불을 중요하게 생각했고 때로는 숭상했어요. 따라서 불을 피울 때 발생하는 연기나 기체도 신비롭고 영험한 것으로 여겼죠.

중세는 인류 문명의 암흑기였어요. 인류는 과학적, 이성적으로 사고하고 행동하지 못했고 종교를 문자 그대로 해석하며 가르침에 무조건 순종해야 했답니다. 금을 만드는 방법을 연구하던 연금술은 중세에 매우 성행했어요. 많은 학자, 성직자 그리고 때로는 사기꾼들까지 연금술을 공부하고 때론 탐닉했지요. 중세가 저물고 근대로 넘어오는 과도기에 과학자들은 연금술이 허황된 생각임을 깨닫기 시작했어요. 그러나 그들의 이성은 여전히 종교에 구속되어 있었고 연금술을 통해 얻었던 지식과 경험을 완전히 버리지는 못했어요. 이런 과정에서 새롭게 등장한 특이한 물질론이 있는데, 바로 '플로지스톤 이론'입니다. 플로지스톤phlogiston은 그리스어로 '불타는 것'을 의미해요. 이 이론은 물질이 타면서 그 안에 있는 신비로운 플로지스톤이 빠져나가는 현상에 주목했답니다.

현대에 살고 있는 여러분은 이 플로지스톤이 말도 안 되는 우스꽝스러운 개념이라고 여기겠지만, 당시에는 의외로 많은 과학자가 이 이론에 심취해 연구에 빠져들었답니다. 그리고 그 결과 실제로 발견한 것이 있는데, 나중에 알고 보니 그것은 우리가 현재 알고 있는 산소, 질소, 수소와 같은 기체들이었어요. 1774년 영국의 성직자이자 화학자인 프리스틀리Joseph Priestley는 금속 산화물을 가열하는 실험을 하는 과정에서 플로지스톤을 발견합니다. 그것은 산소였지요.

프랑스의 화학자 라부아지에Antoine-Laurent de Lavoisier는 이 기체가 생명체의 호흡 현상에 관여한다는 것도 알아냅니다. 또 라부아지에와 몇몇 과학자는 공기 중에서 가장 풍부한 기체인 질소를 발견해요. 한편 영국 화학자 캐번디시Henry Cavendish는 수소를 발견합니다. 이런 결과들은 플로지스톤을 연구하다가 얻어낸 결실이었어요. 기체 발견의 역사를 되돌아보는 데 있어서 '발견'이란 단어를 쓰는 것은 적절치 않을 수 있어요. 실제로 대부분의 기체는 이미 오래전부터 우리에게 친숙한 것이었고 다양한 실험을 통해 이미 얻어낸 것들이었지만, 눈에 보이지 않았기에 그걸 제대로 모르고 있었을 뿐이니까요.

기체를 발견하는 과정에서 과학자들은 기체를 측정하고 다루는 다양한 방법을 생각해냅니다. 기존에 손으로 잡고 질량을 측정할 수 있던 물질들과는 다르게 기체의 상태는 온도, 압력, 부피를 가지고 나타내는 것이 적절하다는 것을 알게 되면서, 다양한 기체의 온도, 압력, 부피와의 관계를 연구하기 시작했어요. 그러면서 물질이 갖는 3가지 상태와 변환에 대한 지식을 얻게 된 거예요.

#고체 #액체 #중세 #플로지스톤 #불타는_것 #호흡 #산소 #라부아지에 #온도 #압력 #부피

019

라부아지에
질량 보존의 법칙으로
근대 화학의 문을 연 과학자

인류는 수많은 세월 동안 각종 화학 반응을 이용해 무언가를 만들고 제조하여 문명을 발전시켰습니다. 그러나 근대에 이르러서도 기체에 대한 지식은 아주 보잘것없었지요. 그래서 종교적 개념을 이용해 해석하기도 했답니다. 사람들은 나무가 불에 타서 재만 남는 것은 생명을 가진 나무에서 플로지스톤이 빠져나가 죽는 것이며 사람도 육신과 영혼의 결합이라고 생각했으니 영혼이란 것도 일종의 플로지스톤이라고 생각하면 종교적 신념과 딱 맞아떨어졌습니다. 이런 신념은 화학 현상에 대해 심각한 오해를 낳기도 했어요. 나무는 불에 타면 원래보다 가벼운 재가 됩니다. 그러나 금속은 불에 타면 원래보다 더 무거운 금속재가 되거든요. 이런 상반된 결과를 두고 플로지스톤을 신봉하던 학자들은 '플로지스톤은 음의 무게를 가질 수도 있다.'라고 해석해버렸답니다. 음의 무게를 갖는 플로지스톤이 금속에서 빠져나오면 더 무거워질 수 있다는 생각이었지요.

플로지스톤 이론이 크게 유행하던 18세기 무렵, 프랑스 과학자 라부아지에는 상황에 따라 말을 바꾸는 플로지스톤 이론을 의심하기 시작했어요. 그는 S자로 굽은 실험 용기의 한쪽에는 수은을 넣고, 반대쪽에는 공기의 부피를 잴 수 있는 장치를 만들어 수은을 천천히 가열했습니다. 그랬더니 수은은 수은 재(산화수은)로 변했고 반대쪽에 있는 공기의 부피가 줄어들었어요. 리부아지에는 이 실험을 통해 플로지스톤이 빠져나간 것이 아니라 줄어든 부피만큼의 공기가 수은과 결합한 것이라는 결론을 내렸습니다. 결국 라부아지에는 플로지스톤 이론이 완전히 허구이며 오히려 눈에 보이지 않는 기체가 금속과 결합하여 질량이 늘어난 것이라고 확신합니다. 라부아지에는 여기서 한발 더 나아가 늘어난 수은 재의 질량과 줄어든 공기의 질량을 측정해보았답니다. 그랬더니 줄어든 공기의 질량은 늘어난 수은 재의 질량과 정확하게 일치했습니다. 이런 결과로부터 그는 화학 반응의 전후에 질량의 변화는 없다는 '질량 보존의 법칙'을 발견하게 되었답니다.

질량 보존의 법칙은 화학 변화를 이해하는 걸림돌이 되었던 종교관, 연금술적 관념들을 완전히 걷어내는 데 중요한 역할을 했어요. 그리고 반응물과 생성물의 양적 관계를 엄밀하게 따져서 반응을 해석하는 정량 화학의 문을 열어주었습니다. 정량 화학의 시작이 바로 근대 화학의 출발점이라고 보아도 될 거예요. 라부아지에의 질량 보존의 법칙이 나오고 얼마 후 프랑스의 과학자

프루스트는 일정 성분비의 법칙을 발표한답니다. 이 법칙은 2가지 이상의 홑원소 물질이 반응해서 1개의 화합물을 만들 때 화합물을 이루는 홑원소 물질의 질량비는 항상 일정하다는 법칙입니다. 예를 들어 산소 16g과 수소 2g이 반응하여 물 18g을 만든다면 산소 32g이 반응하는 수소는 4g이어야 하고 결과로 물 36g을 생성된다는 거예요. 즉 산소:수소:물=8:1:9의 비율이 항상 유지된다는 것이지요.

질량 보존의 법칙과 일정 성분비의 법칙을 이해하려면, 물질은 어떤 작은 단위(알맹이)로 되어 있다고 생각하면 편리합니다. 돌턴은 라부아지에와 프루스트의 법칙을 설명하기 위해 오랫동안 사람들 사이에서 잊혔던 그리스인들의 '아톰(원자)' 개념을 다시 꺼냈어요. 화학의 역사에서 라부아지에의 공로는 중력을 발견한 뉴턴의 공로에 비길 만큼 크다고 볼 수 있습니다. 하지만 애석하게도 라부아지에는 프랑스 대혁명 기간에 시민들이 애용하던 담배에 징수하던 세금을 고의로 탈루했다는 억울한 누명을 쓰고 단두대에서 생을 마감합니다.

#종교적_신념을_넘어서 #질량_보존의_법칙 #일정_성분비의_법칙 #정량_화학의_시작

질소와 산소

공기 중에 있는 물질 중에서
가장 풍부한 기체

우리가 사는 지구의 대기는 약 78%의 질소N_2와 21%의 산소O_2가 주성분이며 이외에도 아르곤Ar, 이산화탄소CO_2, 네온Ne, 헬륨He, 수증기H_2O 등 다양한 기체가 섞여 있어요. 실온(섭씨 25도)에서 대기 속 기체 분자 알맹이들은 초당 수백에서 수천 킬로미터의 빠른 속도로 움직이며 쉴 새 없이 서로 충돌하고 있답니다. 기체 분자의 운동 속도는 분자 질량의 제곱근에 반비례해요. 가벼운 기체는 빠르게 움직이고 무거운 기체는 느리게 움직이지요. 그래서 수소나 헬륨 같은 가벼운 기체는 산소나 질소보다 몇 배나 빠른 속도로 운동하게 되고, 이로 인해 지구 대기에서 탈출하여 우주공간으로 흩어졌어요. 우주에서 가장 흔한 원소인 수소가 지구 대기에서는 거의 보이지 않는 이유가 바로 이 때문이랍니다.

사람들이 가장 잘 알고 있는 기체는 아마도 산소일 거예요. 산소는 반응성이 매우 높은 기체입니다. 그러다 보니 산소는 다른 물질과 잘 결합하고 또 다른 물질을 잘 변하게 만들어요. 물질들이 산소와 결합하는 것을 산화oxidation라고 하며, 산소와 반응해서 불에 타는 현상을 연소combustion라고 부릅니다. 또 산소는 지구상 대부분의 생명체가 생명 현상을 유지하는 데 없어서는 안될 필수 원소랍니다. 대다수 지구 생물은 세포호흡 과정에서 산소를 사용하여 에너지를 만들고 생명 현상을 유지합니다. 하지만 원래부터 지구 대기에 산소가 풍부했던 것은 아니었어요. 태초의 지구 대기에는 산소가 아주 적었지만, 약 20억 년 전쯤 바다 미생물들의 폭발적인 광합성 작용으로 인해 대기 중 산소의 양이 급격하게 증가했답니다. 그때 산소에 적응하지 못했던 생물 대부분이 멸종되었고, 일부는 산소와 공존할 방법을 터득하여 생명 현상을 유지하고 현재처럼 생명이 번성하게 되었습니다. 우리의 세포 속에 있는 미토콘드리아는 산소를 이용하여 에너지를 생산하는 세포공장인데요, 생명체가 산소라는 낯선 물질에 적응한 증거예요.

산소에는 흥미로운 성질이 있어요. 자석에 끌린다(상자기성)는 점입니다. 이는 산소에 있는 전자들의 독특한 구조 때문에 나타나는 현상으로, 제2차 세계 대전 당시 군사 연구에 동원된 과학자들은 산소의 상자기성(자기장에 물질이 끌려가는 현상)을 이용해 산소의 농도를 측정하는 장치를 개발하여 잠수함과 같은 밀폐공간에서 근무하는 군인들의 생명을 구하는 데 도움을 주기도 했어요.

질소nitrogen는 대기 중 가장 풍부한 기체예요. 질소 분자는 두 개의 질소 원자가 매우 단단하게 결합해 있어서 여간해서는 끊어지지 않아요. 따라서 질소 기체는 다른 물질로 변환시키기 매우 어렵답니다. 화학에서는 이런 것을 '반응성이 낮다' 혹은 '매우 안정하다'라고 말한답니다. 질소는 호흡을 통해 우리 몸에 들어와도 별다른 해가 없는데, 이것도 어찌 보면 질소의 낮은 반응성 때문일 거예요. 그래서 질소 기체를 식품 보관이나 위험물질 보관에도 사용할 수 있는 거죠.

반면, 질소 기체의 낮은 반응성은 질소를 이용해서 우리에게 꼭 필요한 물질을 만드는 데에 방해가 되기도 해요. 질소는 생명체에 꼭 필요한 아주 중요한 원소예요. 특히 단백질을 만드는 데 없어서는 안 되는 핵심 원소지요. 콩과科 식물과 같은 일부 식물의 뿌리에는 뿌리혹박테리아라는 미생물이 기생합니다. 이것들은 공기 중의 질소를 분해하여 식물에 질소를 공급해 단백질을 만들 수 있도록 도와준답니다. 옛날 사람들도 농사할 때 콩 같은 식물들을 땅에 번갈아 심으면 농작물이 더 잘 자란다는 사실을 알았지요. 그러나 이런 농사법만으로는 농작물을 키우는 데 한계가 있었기에 사람이나 동물의 배설물을 비료로 쓰기도 했어요. 동물의 배설물에 함유된 암모니아, 요소, 요산 등은 훌륭한 질소 공급원입니다.

🔍 #대기를_구성하는_요소 #기체_분자 #반응성 #산화 #연소 #생명_현상 #안정한_기체

산소의 발견
과학적 발견이란 무엇일까?

우리는 종종 위대한 발견이나 발명에 관한 이야기를 접하곤 해요. 특히 자연에 숨어 있는 오묘한 이치를 발견하거나 혁신적인 도구를 발명한 과학자들의 이야기는 정말 재미있는 이야기 주제이지요. 사람들은 대개 그런 분들의 노력과 창의적인 아이디어에 감탄하기도 하지만, 가끔은 선뜻 이해되지 않는 상황도 있어서 혼란스럽습니다. 어떤 발명과 발견에 대한 문제를 놓고 여러 사람이 서로 공적을 다툴 때는 더욱 그래요. 과학은 우리가 몰랐던 어떤 대상을 발견하는 것도 중요하지만 그것의 정확한 원리를 이해하는 것도 중요해요. 그러다 보니 가끔은 최초 발견자나 발명자를 두고 다투는 경우가 생긴답니다.

　기체는 보고 만지고 느끼기 어려워서 그 실체가 매우 늦게 알려졌다고 했지요. 생명 활동에 가장 중요한 산소는 18세기 말에야 발견되었고요. 그런데 산소 발견 과정에는 '과학적 발견이란 무엇인가?'를 생각해볼 만한 중요한 에피소드가 있답니다.

산소는 17세기부터 플로지스톤을 연구하던 학자들 사이에서 다양한 방법으로 연구되던 대상이었어요. 플로지스톤 연구자들은 연소 현상에 관심이 많았는데, 그러다 보니 자연스럽게 산소를 접했을 거예요. 그러나 모두 산소의 정확한 실체는 모르고 있었지요. 그러던 중, 18세기 말에 스웨덴 화학자이자 약사인 셀레Carl Wilhelm Scheele가 산소를 발견했어요. 1777년에 발간한 셀레의 저서를 보면, 그가 산소를 '불타는 공기'라고 기술했다는 것을 알 수 있습니다. 그러나 그 기록은 다른 사람이 기록한 것보다 시기가 늦었어요. 게다가 당시 여러 과학자가 기체를 연구하고 있었기 때문에 공식적으로 인정하거나 단정할 수는 없지만, 여러 정황을 보아 셀레가 최초로 산소를 발견한 사람이라고 추측할 수 있습니다.

비슷한 시기인 1774년에는 영국의 신학자이자 과학인 프리스틀리Joseph Priestly가 플로지스톤의 실체를 확인하는 실험을 했어요. 이때 산화수은HgO을 가열하게 되었고 이 과정에서 산소를 발견해요. 그는 산소가 들어 있는 병 안에 꺼져가는 촛불을 넣어 다시 타오르는 것을 확인했어요. 그러고는 이 결과를 이듬해인 1775년 셀레보다 먼저 발표해요. 이 때문에 산소 발견에 대한 대부분의 공적은 프리스틀리에게 초점이 맞추어져 있답니다.

산소 발견 과정에서 아주 중요한 인물이 한 명 더 있어요. 그가 바로 질량 보존의 법칙으로 유명한 라부아지에랍니다. 라부아지에는 프리스틀리가 새로운 기체를 발견했다는 소식을 듣고 그를 만나 그 기체에 대해 자세한 이야기를 들었어요. 그리고 바로 실험에 돌입하여 이 기체를 분리해낼 수 있었지요. 그는 이 기체를 플로지스톤과 결부시키지 않고 완전히 새로운 물질로 여겼어요. 그리고 이 물질에 산소oxygen라는 이름을 붙였습니다. 여기에 디해 그는 이 기체가 연소 과정에서 매우 중요한 역힐을 한다는 것을 알아냈고 생명체의 호흡도 연소 과정과 다르지 않다는 사실을 알아냈어요. 라부아지에의 연구는 산소라는 기체의 발견에 한 발 더 나아가 그 실체를 규명한 것이지요.

산소 발견 과정에서 나타난 과학자들의 업적은 과학적 발견에 대한 의미를 다시금 생각하게 해줍니다. 모두 훌륭한 업적을 남겼지만, 한편으로는 누구도 완전하지 않고 서로 상호보완적이기도 하죠. 과학을 연구하는 사람은 어떤 대상에 대해 호기심을 가지고 끊임없이 연구하며 그 결과를 바르게 해석하기 위해 노력해야 합니다. 더불어 그 결과를 바로 논문이나 저서로 발표하는 것도 정말 중요한 일이에요. 이는 오늘날에도 마찬가지입니다.

#원리_이해 #연소_현상 #불타는_공기 #생명체_호흡 #상호보완적 #누구도_완전하지_않아요

보일과 샤를의 법칙
보이지 않는 기체를 측정하다

눈으로 볼 수 없지만 기체 분자는 항상 운동하고 있어요. 때로는 빠르게 때로는 느리게 움직입니다. 물질의 상태도 분자의 운동 속도와 관련이 있어요. 어떤 기체 물질의 분자가 매우 빠르게 움직이고 있다가 그 움직임이 점점 느려지면 기체는 어느 순간 액체로 변하게 됩니다. 그리고 움직임이 더 느려지면 마침내 고체로 변해요. 우리는 여기서 온도라는 척도의 의미를 눈치챌 수 있습니다. 맞아요, 온도는 어떤 물질을 이루고 있는 분자의 움직임에서 발생하는 에너지, 즉 운동에너지를 숫자로 나타낸 것이랍니다. 한편 빠르게 움직이고 있는 기체 분자가 용기의 벽과 충돌하면 압력이 발생해요. 압력의 물리적 정의는 단위 면적당 작용하는 힘이에요. 즉 기체 알맹이가 부딪치는 벽의 면적이 클수록(용기가 클수록) 압력은 낮아지고, 부딪히는 기체 알맹이 수가 많아지거나 부딪힐 때 발생하는 힘이 클수록 압력은 커질 거예요.

1622년 영국의 과학자 보일Robert Boyle은 공기펌프를 만들어서 기체를 압축하고 팽창하는 실험을 했답니다. 그는 이 실험을 통해서 온도가 일정할 때 기체의 압력은 부피에 반비례한다는 것을 알아냈어요. 기체가 들어 있는 용기에 압력을 가하면 기체의 부피가 감소하는 거죠. 우리는 이것을 '보일의 법칙'이라고 부릅니다. 한편 프랑스대혁명 기간에 하늘을 나는 기구를 만들던 프랑스 공학자 샤를Jacques Alexandre Cesar Charles은 압력이 일정할 때 기체의 부피는 온도에 비례한다는 사실을 알아내요. 보일과 샤를의 법칙은 우리가 일상생활에서 흔히 경험할 수 있어요. 공기가 들어 있는 주사기에 힘을 가하면 부피는 줄어들며, 고무풍선이 뜨거워지면 풍선은 더 커져요. 당연한 듯 보이는 결과지만 이들은 눈에 보이지 않는 기체에 대한 막연한 사실을 정량화하여 수학적인 방정식으로 표시할 수 있게 해주었어요. 이 방정식을 이용하면 기체를 좀 더 편리하게 측정하고 다룰 수 있습니다. 보일과 샤를의 법칙을 간단하게 수식으로 표현하면 다음과 같아요.

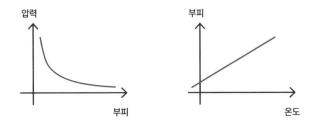

압력 ∝ 1/부피(보일의 법칙, 단 온도가 일정하게 유지된다면)

부피 ∝ 온도(샤를의 법칙, 단 압력이 일정하게 유지된다면)

그리고 이 두 개의 식은 다음과 같이 하나로 묶어서 정리할 수 있어요.

$$압력 \propto 온도/부피$$

압력, 부피, 온도라는 3개의 측정 가능한 변수로 구성된 이 식을 이용하면 눈에 보이지 않는 기체가 어떻게 행동할지를 예측할 수 있습니다. 하지만 이 간단한 식에는 기체들의 특징이 생략되어 있어요. 예를 들면, 기체 분자들은 분자의 크기가 서로 다르지요. 이런 차이 때문에 이 식은 모든 기체에 완벽하게 들어맞지 않을 거예요. 하지만 일상적인 실험실 조건이나 우리의 일상 경험과는 비교적 잘 맞아요. 왜 그럴까요? 기체는 분자들이 서로 멀리 떨어져 있어요. 액체나 고체에 비하면 분자 간 거리는 수백 배 이상 멀기 때문에 서로 잡아당기거나 밀어내기가 어렵지요. 그러니 기체의 크기 차이에 따른 압력변화나 부피 변화는 큰 의미가 없게 됩니다. 그러나 매우 극단적인 실험 조건(저온, 고압 등)의 환경에서는 오차가 매우 크게 나타납니다.

#분자의_운동 #기체 #액체 #고체 #온도 #운동에너지 #압력 #보일의_법칙 #샤를의_법칙

아보가드로의 법칙
분자의 개수를 셀 수 있을까?

돌턴의 원자론이 등장한 1800년 초반에만 해도 원자론을 믿는 과학자는 거의 없었답니다. 아주 일부 과학자만 원자 개념을 가지고 설명하기 어려운 실험 결과를 해결하려고 시도했어요. 영국 화학자 게이뤼삭Joseph Louis Gay-Lussac은 수소와 산소가 반응하여 수증기를 만들 때 반응하는 기체들의 부피를 살펴보았답니다. 그랬더니 수소 기체 2부피와 산소 기체 1부피가 반응하면 생성되는 수증기는 항상 2부피가 되는 게 아니겠어요? 기체들의 반응은 항상 간단한 정수비로 일어난다는 것을 보여주었지요. 게이뤼삭은 이 문제를 원자론으로 해석해보려고 시도했는데, 한 가지 치명적 문제에 봉착했어요. 1부피의 산소로 수증기 2부피를 만들기 위해서는 산소가 절반으로 쪼개져야 했는데 돌턴의 원자론에 의하면 원자는 쪼개질 수 없는 입자였던 거예요.

1806년 이탈리아 과학자 아보가드로Amedeo Avogadro는 이 문제를 해결하기 위해 분자 개념을 도입했어요. 두 개의 수소 원자로 된 수소 분자와 2개의 산소 원자로 된 산소 분자 그리고 2개의 수소 원자와 1개의 산소 원자로 이루어진 수증기(물) 분자를 생각한 것입니다. 이렇게 하면 골치 아팠던 기체 반응의 문제를 말끔히 해결할 수 있었어요. 아보가드로는 이런 아이디어를 가지고 여러 기체와 물질들의 분자식을 제안했고, 덕분에 질량 측정을 통해 화학 반응을 해석하는 정량 화학이 한층 더 발전했답니다.

아보가드로는 여기서 더 나아가 크기가 다른 기체 분자들일지라도 온도와 압력이 같다면 같은 부피에 들어 있는 기체의 분자 수는 같다는 '아보가드로의 법칙'을 발표했어요. 예를 들면, 1기압, 25도에서 2개의 1L짜리 플라스크가 있는데 한쪽에는 수소가 다른 한쪽에는 산소가 있어요. 그러면 서로 다른 2개의 플라스크에 있는 분자들의 개수도 같다는 이야기입니다. 수소 분자와 산소 분자는 분명 분자의 크기가 다를 거예요. 그럼에도 2개의 플라스크 속에 같은 개수가 들어 있다고 생각할 수 있을까요? 그게 가능하고 또 합당한 이유는 무엇일까요? 기체 상태는 분자사이의 거리가 엄청나게 멀기 때문이에요. 액체인 물이 증발하여 기체인 수증기가 되면 그 부피가 약 400배 커지는 것만 보아도 쉽게 짐작할 수 있는데, 기체 분자들 사이의 거리는 그 크기에 비해 너무나 멀어요. 따라서 분자들의 크기 차이는 기체의 부피를 결정하는 데 별 영향을 주지 못해요. 기체의 부피는 기체의 종류가 아니라 기체의 압력과 온도에 의해서만 변하게 된답니다.

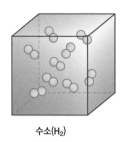

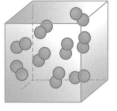

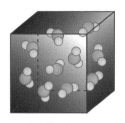

수소(H₂)   산소(O₂)   수증기(H₂O)

    아보가드로 법칙이 나온 이후, 실제로 분자의 개수를 셈해 보려는 다양한 시도가 있었어요. 그러다가 20세기 들어서 프랑스 과학자 패랭J. B. Perrin이 일정한 질량의 시료에 들어 있는 분자의 개수를 측정할 방법을 제안했고, 이때 나온 결과를 '아보가드로 수'라고 부르기로 했답니다. 아보가드로 수는 어마어마하게 큰 수입니다. 1천억 개100,000,000,000의 1천억 배보다 약 6배나 더 크답니다. 이 정도의 개수는 우리가 추측하는 우주 안에 있는 모든 별의 개수보다 많아요. 수소 1g은 아보가드로 수만큼의 수소 원자를 가지고 있으며 수소 분자 2g은 아보가드로 수만큼의 수소 분자를 가지고 있어요. 아보가드로 수가 이처럼 큰 이유는 분자나 원자가 그만큼 작다는 의미이기도 합니다. 원자나 분자가 이렇게 작고 또 많다는 것도 놀랍지만, 그것을 셀 수 있는 과학의 능력도 정말 놀랍지요.

🔍 #원자론 #분자 #질량_측정 #정량_화학의_발전 #기체의_부피 #압력 #온도 #아보가드로_수

몰

화학이 사용하는 특별한 셈법

화학을 공부하다 보면 '매우 작은 세계에서 일어나는 변화'를 많이 다루게 됩니다. 그러다 보니 사람들은 보통 원자나 분자에 대한 개념을 공부하면서부터 '화학은 어려운 것'이라고 생각하게 되지요. 화학 현상을 설명하는 대부분의 이론이나 개념들은 원소 기호나 분자식과 같은 것을 사용해요. 그리고 원소 기호와 분자식을 실제 눈에 보이는 대상처럼 이리저리 옮기고 변화시키며 개수와 질량을 계산합니다. 이러한 조작들은 화학을 처음 대하는 사람들에게 귀찮고 골치 아픈 일입니다. 이때, 화학에서 물질의 개수를 셈하는 몰mole이라는 특별한 단위를 제대로 이해한다면 화학에서의 계산도 조작도 생각보다 쉬운 일이 될 거예요.

사람들은 어떤 물건을 보면 보통 1개, 2개, 3개로 개수를 세려고 하지요. 그러나 어찌 된 일인지 쌀이나 참깨와 같은 것은 개수를 세지 않아요. 그 이유는 너무 작아서 개수를 세는 것보다는 그릇이나 통에 담아서 한데 모아 세는 게 더 편리하고 실용적이기 때문입니다. 화학이 다루는 물질들도 마찬가지예요. 원자나 분자로 구성된 물질들도 너무 작은 존재들이라 직접 개수를 세는 것보다는 일정량을 그릇에 담아 그릇의 개수를 셈하는 게 편리합니다. 실험으로 확인할 수 있는 일정한 개수의 원자나 분자 묶음을 하나의 단위로 정하여 그 단위의 개수를 세면 편리해요. 화학에서는 이 단위를 몰mole이라고 합니다. 1몰이란 아보가드로 수만큼의 알맹이가 모여 있는 묶음을 말해요. 우리가 신발 2개를 1켤레, 연필 12자루를 1다스라고 부르는 것처럼 원자나 분자 아보가드로 수만큼(수학적으로 6×10^{23} 개라고 쓰지요)을 1몰이라고 부르기로 약속합니다. 몰의 개념을 사용하면 원소 기호나 분자식 그리고 각종 화학식을 이해하는 것이 매우 쉬워진답니다. 예를 들어, 수소와 산소가 반응하여 물이 만들어지는 것을 나타내는 화학식을 볼까요?

$$2H_2 + O_2 \longrightarrow 2H_2O$$

여기서 $2H_2$는 수소 분자 2개라고 생각할 수도 있지만, 몰의 개념을 사용하면 수소 분자 2몰(아보가드로수×2=12×10^{23}개)이라고 생각할 수 있어요. 마찬가지로 O_2와 $2H_2O$도 각각 1개의 산소 분자와 2개의 물 분자라고 볼 수도 있지만 대신 1몰의 산소 분자와 2몰의 수소 분자들이라고 생각할 수 있습니다.

원자나 분자는 그 크기가 너무나 작기 때문에 눈으로 직접 그 알맹이를 확인하는 것은 불가능할 테고, 1개의 질량을 저울로 직접 측정할 수도 없을 거예요. 그러나 그것이 1몰만큼 모여 있다면 눈으로 확인할 수 있으며 또 저울로 질량을 측정할 수 있답니다. 우리에게 특별한 목적이 없는 한 대부분의 화학 관련 설명에서 나오는 화학식이나 화학기호들은 그들 각각을 실제 개수라고 생각하지 말고 1몰만큼이 모여 있는 것으로 이해하고 질량과 부피를 헤아리면 이해가 쉬울 것입니다. 그러다가 정말로 한 개의 질량이나 부피가 궁금하다면 아보가드로 수로 나누어보는 거예요. 그러면 1개에 해당하는 값을 바로 얻을 수 있지요.

#물질의_개수를_셈하는_특별한_단위 #아주_작은_세계에서_일어나는_변화 #화학을_이해해요

화학 결합
알맹이들도 서로 사랑하고 미워해요

우리는 혼자가 되면 누군가를 그리워하고, 또 어떤 사람과 너무 가까워지면 적당히 거리를 두고 싶어 하는 마음이 생깁니다. 사람들의 마음에는 이른바 '사랑'과 '미움'이 공존하며 이것들은 사람 사이의 관계를 적절히 조절해주는 역할을 하지요. 물질 사이에도 이런 작용이 있답니다. 물론 사람과 같은 사랑과 미움의 감정은 아니겠지만, 그 작용은 유사하다고 말할 수 있어요. 화학에서는 이런 알맹이들의 상호작용이 때로는 화학 결합이라는 현상으로 나타납니다.

세상의 모든 물질은 원자라는 알맹이로 이루어졌다고 했지요. 또 원자는 그 안에 핵과 전자라는 더 작은 알맹이들을 가지고 있고요. 핵은 양전하를, 전자는 음전하를 띠고 있어 그 둘 사이에는 서로 잡아당기는 힘(정전기적 인력)이 존재합니다. 그래서 원자가 안정한 상태를 유지하도록 균형을 유지해주지요. 여러 개의 전자를 가진 원자에서는 핵의 양전하를 모든 전자가 균일하게 느끼기 어려워요. 아무래도 핵에 가까이 있는 전자가 멀리 있는 것보다는 핵과의 관계(정전기적 인력)를 더 잘 유지할 수 있고, 핵에서 멀리 떨어져 있는 전자는 앞쪽에 있는 전자들의 방해로 핵의 양전하를 제대로 느끼기 어렵죠. 이런 전자는 작은 충격에도 핵과의 관계가 끊어져서 쉽게 떨어져 나갈 수 있답니다. 이때 전자가 떨어져 나간 원자는 양전하를 띤 이온이 됩니다. 앞에서 살펴보았듯, 이 것을 양이온이라고 불러요. 이와는 정반대로 어떤 원자는 전자를 받아들이기 쉬운 상태에 있어요. 전자를 받아들인 원자는 음전하를 띠게 되고, 우리는 이것을 음이온이라고 부릅니다. 여러분은 서로 반대의 전하를 띤 물체에는 서로 잡아당기는 성질이 있다는 것을 잘 알고 있을 것입니다. 그래서 양이온과 음이온은 서로 잡아당길 수 있답니다. 또 같은 전하를 띤 양이온과 양이온 혹은 음이온과 음이온끼리는 서로 밀어내려고 하는 힘이 생기고요.

이제 양전하를 띤 나트륨 이온$_{Na^+}$과 음전하를 띤 염소 이온$_{Cl^-}$이 한 개씩이 아닌 1몰씩 있다고 생각해봅시다. 수없이 많은 나트륨 이온과 염소 이온 사이에는 같은 전하를 띠면 밀어내고 반대 전하를 띤 것들끼리는 서로 잡아당기는 힘이 작용할 겁니다. 그런 힘은 나트륨 이온과 염소 이온들을 서로 하나씩 교대로 엇갈려 놓이도록 만들 것입니다. 이것이 우리가 알고 있는 소금$_{NaCl}$ 알맹이예요. 소금의 결정 구조는 이렇게 만들어집니다. 소금 결정은 서로 반대 전하를 띤 나트륨 이온과 염소 이온이 계속해서 번갈아 가며 입체적으로 쌓이면서 크게 성장하여 결국 육면체의 모습을 형성하게 되어요. 실제로 소금 알맹이를 확대경으로 자세히 관찰하면 육면체 구조라는 것을 알 수 있어요. 소금처럼 서로 반대 전하를 띤 이온끼리 잡아당겨 단단하게 결합하는 것을 우리는 '이온 결합ionic bonding'이라고 부른답니다. 이온 결합은 매우 단단히고 강한 결합이라서 고체 상태로 있는 소금을 녹여 액체 상태로 만들기 위해서는 약 800℃ 이상의 높은 온도로 가열해야 해요. 이온 결합 물질은 물에 녹으면 이온들이 분리되어 양이온과 음이온으로 나누어져서 물에 섞여요. 여기에 전기가 흐르면 이온들은 서로 반대 전기를 띤 전극을 향해서 움직인답니다. 그래서 이온 결합 물질은 물에 녹으면 전기가 잘 통하는 전해질 용액이 되는 거예요.

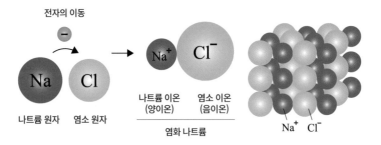

전자의 이동

나트륨 원자   염소 원자

나트륨 이온   염소 이온
(양이온)   (음이온)

염화 나트륨

Na^+ Cl^-

↑ 소금의 이온 결합 구조

#물질_사이에_일어나는_작용 #원자 #핵 #전자 #당기는_힘 #양이온 #음이온 #이온_결합

공유 결합

전자를 공유하는 화학 결합

화학 결합이 반드시 전기를 띤 이온들의 상호작용만으로 생기는 것은 아니에요. 원자들이 서로 결합하여 분자를 만드는 과정에서 이온들이 관여하지 않고도 매우 안정적인 결합을 만들기도 하며, 이를 공유 결합이라고 한답니다. 공유 결합을 만드는 상호작용은 결합에 참여하는 원자들이 자신이 갖고 있는 전자를 공유하여 보다 안정된 상태를 유지하는 힘 때문에 일어나요. 마치 결혼하는 신랑과 신부가 각자 가지고 있던 생활용품을 함께 공유함으로써 더욱 안정되고 편리하게 생활하는 것과 비슷하다고나 할까요?

전자가 한 개인 수소 원자$_H$ 두 개가 전자를 공유하면서 결합한다면 각각의 원자들은 전자 2개를 공유하는 분자$_{H_2}$를 만들게 됩니다. 우리는 이 공유 전자 2개가 만드는 결합을 공유 결합이라고 부릅니다. 2개의 공유 전자를 가진 분자는 원자 상태보다 훨씬 안정해요. 마찬가지로 최외각 전자가 7개인 불소 원자$_F$ 2개가 전자 한 개씩을 공유하여 결합하면 2개의 공유 전자를 갖게 되면서 공유 결합을 만들 수 있어요.

$$:\ddot{F}\cdot \; + \; \cdot\ddot{F}: \; \longrightarrow \; :\ddot{F}:\ddot{F}:$$

그렇다면 이 경우, 결합한 후에 어떤 결과를 만들었을까요? 원래 F가 가지고 있는 최외각 전지는 7개였지요. 그중 1개의 전자를 가져와 공유하게 되니 결국 각각은 8개의 전자를 사용하고 있는 셈이 되겠네요. 원자들은 바깥쪽에 8개의 전자를 갖는 것을 좋아해요. 우리는 이런 경향을 '8전자 규칙octet rule'이라고 부릅니다. 이 규칙에 따르면 최외각에 7개의 전자를 가진 F보다는 공유하여 최외각 전자가 8개가 된 F_2 분자 상태가 훨씬 유리해요. 결국 이러한 공유 결합의 원리를 이용하면 물질들이 원자 상태보다는 분자 상태로 있는 것을 훨씬 선호하는 것을 쉽게 이해할 수 있답니다. 이는 마치 인간이 혼자 사는 것보다 서로 어울려 사회를 만들려는 것과 마찬가지일 거예요.

공유 결합은 실제로 우리 주변에 있는 수많은 물질의 근간을 이루는 아주 중요한 결합이랍니다. 우리의 몸은 물론 먹고 마시고 호흡하는 대부분의 물질도 공유 결합을 통해 만들어진 것들이 많아요. 어떤 공유 결합은 2개 이상의 전자를 공유하는 경우도 있어요. 2개의 전자를 같이 쓰는 가장 기본적인 공유 결합을 단일 결합이라고 부르는데, 4개의 전자를 공유하는 경우에는 이중

단일 결합   이중 결합   삼중 결합

결합, 6개의 전자를 공유하는 경우에는 삼중 결합이라고 불러요. 공유하는 전자의 개수가 많을수록 그 결합은 더욱 강해서 생성된 분자도 더 안정하답니다. 공기의 80%를 차지하는 질소 기체는 2개의 질소 원자가 6개의 전자를 공유한 삼중 결합을 가진 분자예요. 앞서 질소 분자는 매우 안정한 물질이라 반응성이 매우 낮아서 화학적으로 이용하기에 어렵다고 했지요. 지구상에 있는 각종 생물은 다양한 공유 결합으로 이루어진 화합물들을 기초로 만들어지고 진화되었어요. 그래서 이런 결합의 특징을 이해하는 것은 생명 현상의 연구에도 매우 중요한 역할을 해요.

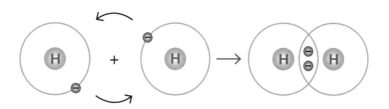

↑ 수소의 공유 결합

🔍 #이온이_관여하지_않은_안정한_결합 #전자를_공유해요 #물질의_근간을_이루죠 #생명_현상

흑연과 다이아몬드

탄소로만 이루어진 물질들의
드라마틱한 차이

화학 결합 방식과 특징은 그 물질의 물리적, 화학적 특성을 결정하는 매우 중요한 요인이에요. 그래서 같은 원소로 이루어진 물질이라도 결합 방식이 달라지면 전혀 다른 물질이 되기도 하지요. 흑연과 다이아몬드가 바로 그런 예입니다. 두 물질 다 탄소로 이루어져 있지만 성질은 전혀 다르거든요. 흑연은 주위에서 매일 볼 수 있는 흔한 물질입니다. 연필심을 만드는 데 사용하기도 하고 공구나 그릇의 재료로 사용하기도 하죠. 과학에 관심이 많다면 흑연이 전기분해를 하는 전극의 재료나 원자력발전소에서 원자로의 반응속도를 조절하는 물질로 사용된다는 것도 알고 있겠지요. 흑연은 오래전부터 다양한 용도로 사용되었어요. 우리가 부러진 연필심을 크게 아까워하지 않았던 이유는 흑연이 아주 흔한 물질이었기 때문이에요. 반면에 다이아몬드는 매우 귀한 물질입니다. 한 세기 전만 하더라도 평생 다이아몬드를 본 적도, 이름조차 들어본 적도 없는 사람이 대다수였어요. 일제강점기, 이수일과 심순애의 비련을 그린 신소설 『장한몽』이 유행했어요. 여기에 "김중배의 다이아 반지가 그렇게도 좋단 말이냐?"라는 대사가 나오는데요, 부자의 재물에 현혹되어 변절한 애인의 이야기를 다루면서 다이아몬드 이야기가 등장합니다. 재미있는 것은, 당시 사람 대부분이 다이아몬드가 뭔지 몰랐다고 하네요. 그만큼 희소성이 컸던 거예요. 서양도 크게 다르지 않아요. 우리가 잘 아는 소설 『허클베리 핀의 모험』에도 보물을 찾는 소년들의 대화에 난생처음 들어보는 '다이아몬드'라는 단어를 두고 이래저래 설명하는 내용이 재미있게 나옵니다.

흑연과 다이아몬드는 둘 다 순수하게 탄소로만 이루어진 물질이에요. 두 물질 모두 탄소들이 공유 결합만으로 연결되어 있고요. 그럼에도 두 물질이 드라마틱하게 다른 이유는 결합상의 구조적 차이 때문입니다. 흑연은 탄소들 사이의 공유 결합이 평면적입니다. 그러다 보니 흑연은 여러 개의 탄소로 이루어진 평면구조가 겹겹이 쌓여 있는 모양새가 되지요. 반면 다이아몬드는 탄소들의 공유 결합이 입체적으로 이루어져 있어요. 탄소와 탄소가 상하좌우로 빠짐없이 그물처럼 계속해서 연결되어 있답니다. 이런 빼곡한 그물형의 구조 때문에 다이아몬드는 매우 강하고 투명한 보석이 됩니다. 이처럼 한 가지 원소로 되어 있지만, 다른 성질을 보이는 물질들을 동소체allotropy라고 부릅니다.

겹겹이 쌓인 흑연의 평면구조는 약한 충격에도 잘 분리됩니다. 이 때문에 우리는 흑연을 가지고 종이에 글씨를 쓰거나 그림을 그릴 수 있죠. 그러나 다이아몬드의 입체적 그물구조는 매우 단단하여 여간해서는 깨지지 않아요. 다이아몬드를 단단함과 영원불멸의 상징이고 말하는 것도 이런 구조에서 나오는 성질 때문입니다.

우리는 흑연에 납 같은 불순물을 섞어 더 부드럽고 매끄러운 감촉의 연필을 만듭니다. 또 다양한 재료와 함께 섞어 가공하여 아주 다양한 용도로 사용할 수 있어요. 반면 다이아몬드는 인위적으로 무엇을 섞어 가공할 수 없답니다. 그러나 탄소가 다이아몬드로 만들어지던 극한적 환경이라면 일부 불순물이 섞일 수는 있을 거예요. 이 불순물들은 다이아몬드의 색깔과 투명도에 차이를 줍니다. 흔히 상상 이상의 가격으로 거래되는 진귀한 색깔의 다이아몬드는 특정 원소들이 불순물로 섞인 것이랍니다. 흔히 불순물이라는 말이 좋지 않다는 의미로 사용되지만, 화학 세계에서 불순물은 때론 우리에게 사용하기 좋도록 편리성을 주기도 하고 놀랍도록 아름답고 희귀한 값진 보석을 만들어주기도 한다니 놀랍지 않나요?

Q #탄소 #전혀_다른_성질 #공유_결합 #동소체 #불순물_하나로_완전히_다른_물질이_되지요

자유 전자와 금속 결합
금속의 광채와 가공의 비밀

인류 문명은 도구의 발전으로 더욱 번창해요. 흔히 석기시대라고 부르는 때에는 사람들이 돌을 이용해서 도구를 만들었어요. 하지만 돌로 원하는 모양을 만드는 것은 쉽지 않아서 정교한 모양의 물품을 만들기가 어려웠습니다. 그러다가 구리와 철 같은 금속으로 도구를 만들게 되면서부터 문명은 급속도로 발전했지요.

금속은 돌이나 나무처럼 딱딱한 고체지만 그 성질은 매우 다릅니다. 돌이나 나무는 한번 깨지거나 부러지면 그 모양을 복원할 수 없어요. 그러나 금속은 형태가 망가져도 다시 녹여서 원하는 모습으로 만들 수 있으며, 때로는 부분적으로 녹여서 붙이거나 땜질할 수 있습니다. 또 쉽게 구부러지고, 구부러진 것은 두드려서 다시 펼 수도 있고요. 그뿐만 아니라 계속 두드리면 아주 얇게 만들 수 있는데, 우리는 이런 성질을 이용해 종이처럼 얇게 만든 금속 포일을 이미 다양한 용도로 사용하고 있어요. 또 구리는 전기가 매우 잘 통해서 전선을 만드는 용도로 사용합니다. 금속은 다른 고체상태의 물질들과는 달리 왜 이런 독특한 성질을 갖는 것일까요? 그것은 금속 결합이라고 불리는 독특한 형태의 화학결합 때문이에요.

금속 원소의 원자들도 핵과 전자를 가지고 있어요. 금속이 가진 원자들 사이의 결합은 이온결합이나 공유 결합과는 달리 매우 독특해요. 금속 원자에는 다른 전자들보다 핵과의 결속이 약한 전자들이 있어요. 이들이 핵에서 자유롭게 해방되면 남은 핵과 전자들은 양전하를 띤 양이온이 됩니다. 해방된 자유 전자들은 모든 양이온 사이를 자유롭게 이동하며 이들과 결속력을 갖게 돼요. 이러한 자유 전자의 모습은 마치 섬과 육지를 이어주는 바닷물과도 같답니다. 즉 금속은 수많은 양이온이 자유 전자의 바다에서 서로 적절한 결합력을 유지하며 모양을 이루고 있는 형태라고 생각할 수 있어요.

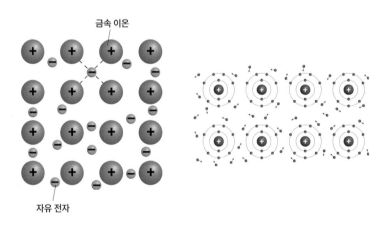

자유 전자들이 마치 물에서 자유롭게 움직이고 있는 것처럼 보이지요. 금속은 그 모양을 쉽게 바꿀 수 있어서 우리가 원하는 형태로 가공할 수 있습니다. 또 부러지거나 끊어져도 바닷물을 채우듯 다시 연결할 수 있고, 금속 내에서 어디로든 흘러갈 수 있는 자유 전자 때문에 전기나 열을 잘 전도하는 물질이 될 수도 있고요. 그래서 금속은 대개 전기가 잘 통하고 열전도도 높아요.

금속의 은은하고 고급스러운 광택도 자유 전자가 만드는 금속의 성질이에요. 가시광선이 금속 표면에 닿으면 그 빛은 자유 전자들을 진동하게 합니다. 이때 자유 전자들의 진동으로 인해 고유한 전자기파가 발생하여 금속 표면에서 방출되는데, 이것이 바로 금속이 가지는 독특한 광택의 정체랍니다. 사람들은 금속의 은은하고도 독특한 광채에 매료되었고 금속을 소유하는 것을 신분과 부의 상징으로 삼았습니다. 특히 녹슬지 않고 오랫동안 광택이 유지되는 금과 은은 대륙과 세대를 뛰어넘어 부의 상징이었고 지금까지도 재화로 사용합니다. 현재 우리가 사용하고 있는 종이돈도 처음에는 금을 금고에 보관할 때 발행했던 보관증에서 유래되었다고 해요. 1970년대 초까지만 해도 미국의 화폐인 달러에는 '이 돈을 가져오면 금으로 바꾸어준다.'라는 말이 쓰여 있었답니다.

Q   #독특한_성질 #해방된_전자 #금속_원소의_원자 #자유_전자의_바다 #양이온 #진동 #금과_은

029

수소 결합

얼음은 왜 물에 뜰까?
지구의 생명 현상을 가능하게 한 비밀

얼음은 우리가 일상에서 자주 접하고 사용하는 흔한 물질이지만, 과거에는 겨울에만 볼 수 있고 왕이나 신분이 높은 사람들이 이용하는 귀한 재료였어요. 냉장고에서 얼음을 꺼내면서 얼음이 불룩해진 것을 본 적이 있지요? 얼리기 전에는 분명 표시선을 잘 맞추었는데 말이에요. 얼음은 동일한 질량의 물보다 부피가 큽니다. 커진 부피 때문에 얼음의 밀도는 물보다 작고요. 그러니 얼음이 물에 뜨는 것은 당연한 일일 거예요. 추운 겨울철 강과 호수가 표면부터 어는 것도 이 때문이에요.

물이 얼면서 부피가 증가하는 것은 '수소 결합'이라고 불리는 분자들 사이의 약한 상호작용 때문이에요. 물 분자H_2O는 전기적으로 중성입니다. 전하를 띠고 있지 않아서 이웃한 물 분자들끼리는 서로 잡아당기거나 밀어내는 힘이 존재할 것 같지 않지만, 흥미롭게도 여기에도 서로 잡아당기는 힘이 나타난답니다. 물 분자는 2개의 수소와 1개의 산소를 가지고 있는데 바깥쪽은 전자들이 둘러싸고 있어요. 그런데 이 전자들이 균일하게 퍼져 있지 않고 산소 쪽에 더 많이 몰리게 돼요. 이 때문에 산소 주변은 전자가 많고 수소 주변은 전자가 부족해집니다. 전자는 음전하를 띠고 있으므로 많이 있는 쪽은 −가 크고 다른 적게 있는 쪽은 −가 적을 거예요. 이것을 상대적 크기로 표시하면 상대적으로 많은 쪽은 'δ−', 상대적으로 적은 쪽은 'δ+'로 나타낼 수 있을 거예요. 이렇게 되면 물 분자는 +전하와 −전하를 동시에 갖게 되고, 이웃한 분자들 사이에 서로 잡아당기는 힘이 생기는 거죠. 실제로 물 분자들은 서로 반대되는 극을 가지는 쪽을 향해 배열되는 것을 좋아해요. 이러한 현상 때문에 물은 분자들이 적당한 거리를 띄우면서 놓이게 되고 얼음이 되면 이런 경향이 더욱 커져요. 이것이 수소 결합이며, 수소 결합 때문에 얼음이 물보다 밀도가 더 낮아지는 거예요.

수소 결합은 이온 결합이나 공유 결합과 같은 화학 결합에 비해 매우 약해서 운동성이 큰 분자 집단에서는 견고한 결속력을 발휘하지 못해요. 그러나 얼음처럼 온도가 낮아지면 분자들의 운동이 거의 정지하게 되고 이런 상태에서는 수소 결합이 제법 힘을 발휘할 수 있어요. 수소 결합이 물이나 얼음에서만 나타나는 것은 아니에요. 우리 몸의 세포 속에 있는 유전물질에도 수소 결합은 매우 중요한 역할을 해요. 흔히 이중나선이라고 불리는 DNA의 꼬인 구조를 만드는 데도 수소 결합이 기여하고 있답니다. 또 생명체에서 매우 중요한 물질인 단백질의 3차원적 구조를 만드는 데도 수소 결합이 중요한 역할을 하고 있어요. 따라서 단백질과 같은 생명 현상에 관여하는 물질들의 화학 작용을 정확하게 이해하기 위해서는 수소 결합에 기인한 분자 구조를 정확하게 알아내는 것이 필요하답니다.

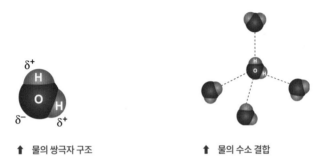

↑ 물의 쌍극자 구조　　　　　　　↑ 물의 수소 결합

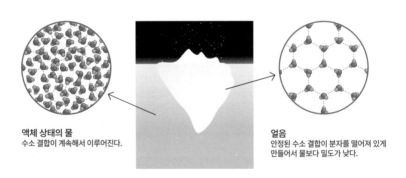

액체 상태의 물
수소 결합이 계속해서 이루어진다.

얼음
안정된 수소 결합이 분자를 떨어져 있게
만들어서 물보다 밀도가 낮다.

#분자_사이의_약한_상호작용 #물_분자 #중성 #밀도 #이중나선 #DNA #단백질_구조 #생명

030

상
물질의 세 가지 상태

우리가 주변에서 보는 대부분의 물질은 고체, 액체, 기체 형태를 가지고 있어요. 과학자들은 이러한 물질의 상태를 상phase이라고 부른답니다. 물질이 가진 상은 상황에 따라 변합니다. 우리는 얼음, 물, 수증기가 사실은 같은 물질이며 조건에 따라 서로 변한다는 것을 경험으로 잘 알고 있어요. 온도가 증가하면 물질이 고체 → 액체 → 기체 순서로 상태가 변화한다는 것을 염두에 두고, 어떤 고체 물질에 열을 가하면 녹아서 액체의 형태로 되고 나중에는 기체 상태가 될 것으로 예측하기도 합니다. 하지만 항상 그렇지만은 않아요.

아이스크림 가게에서 포장할 때, 쇼핑백에 드라이아이스를 함께 넣어줍니다. 드라이아이스는 이산화탄소CO_2가 얼어서 고체 상태가 된 것이에요. 온도가 아주 낮습니다. 드라이아이스는 녹아도 액체가 되지 않아요. 고체 상태에서 바로 기체로 변해 날아가버리지요. 그렇다면 이산화탄소는 액체 상태가 없는 것일까요? 아닙니다. 액체 이산화탄소도 만들 수 있어요. 이산화탄소를 액체로 만들려면 높은 압력이 필요해요. 우리가 살고 있는 1기압 정도의 압력에서는 액체가 되지 않습니다. 액체 이산화탄소를 만들기 위해서는 압력을 6기압 정도로 올려야 해요. 이런 높은 압력은 자연적이지 않고 실험 장치를 통해서만 가능한 일이니, 대부분의 사람은 액체 이산화탄소를 본 적이 없을 수밖에요. 그렇다면 물도 압력이 바뀌면 이런 일이 일어날까요? 네. 얼음도 아주 낮은 압력에서는 액체 상태를 거치지 않고 바로 기체가 되는 현상이 일어날 수 있어요. 다만 우리가 살고 있는 지구의 자연환경에서 그 정도의 낮은 압력을 경험하지 못하는 것이지요.

상의 변화에는 우리가 일상생활에서 쉽게 알아차리지 못하는 더 놀라운 점이 있습니다. 냉동실에 오래 보관한 얼음 크기가 작아진 것을 본 적이 있나요? 이런 현상이 일어나는 이유는 얼음이 액체 상태로 변하지 않아도 아주 조금씩 기체로 변하기 때문이에요. 과학에서 온도는 분자의 평균 운동과 같아요. 온도가 낮다는 것은 분자의 운동이 느리다는 것이며 온도가 높다는 것은 분자의 운동이 빠르다는 말과 같습니다. 그런데 모든 분자의 운동이 똑같지는 않아요. 낮은 온도에서도 아주 작은 수의 분자는 빠르게 운동할 수 있어서, 액체로 되지 않고 바로 기체가 될 수 있지요. 따라서 물이 될 수 없는 낮은 온도에서도 얼음이 액체를 거치지 않고 기체가 되기도 해요. 몹시 추운 지방의 사람들이 빨래

해서 야외에 건조해도 마르는 것은 이러한 원리 때문이에요. 그리고 겨우내 혹한의 상태에서 명태를 말리는 것도 이해할 수 있게 해주지요.

지구 밖 우주는 물질의 다양한 상태를 관찰할 수 있는 아주 드라마틱한 장소입니다. 과학자들은 아주 오래전부터 망원경 관측을 통해 화성의 극지방에 물과 드라이아이스가 있다는 것을 알고 있었어요. 그래서 생명체의 존재 가능성을 꿈꾸기도 했고 지금도 여전히 그런 가능성을 고려하고 있지요. 또 태양계 끝 쪽 저 멀리서 지구를 향해 돌진하는 혜성에 있는 다양한 구조의 얼음 상태와 수증기 등을 관찰하여 생명체의 유래를 연구하는 일들을 진행하고 있어요.

Q #물질의_상태 #고체 #액체 #기체 #상태_변화 #지금도_우리_주변_물질은_상이_변하고_있어요

031

녹는점과 끓는점

고체에서 액체로, 액체에서 기체로
저마다 다른 물질의 성질

식용유의 끓는점을 알고 있나요? 버터의 녹는점은 어떻고요? 녹는점과 끓는점 같은 물질의 성질에 관심을 두는 사람은 별로 없을 거예요. 주로 과학을 공부하는 사람들만 관심이 있지요. 하지만 얼음이 0도에서 '녹고'(얼음 입장에서 보면, 얼음이 0도에서 녹는다고도 해요), 물이 100도에서 '끓는다'는 것은 여러분도 잘 알고 있어요. 물의 어는점과 끓는점이 0과 100이라는 숫자를 가지게 된 것은 섭씨온도를 정의할 때 그렇게 붙였기 때문이에요. 물은 우리에게 가장 친숙하고도 의미 있는 기본 물질이니 어는 온도를 0도, 끓는 온도를 100도로 정하면 누구나 쉽게 이해할 수 있을 테고, 이것을 온도의 척도로 사용하면 편리하겠지요.

그렇다면 왜 물질들은 녹는점과 끓는점이 서로 다른 것일까요? 이유는 그리 단순하지 않아요. 순수한 물질은 그 물질을 이루는 분자(혹은 원자) 구조와 또 서로의 상호작용 차이에 따라 녹는점과 끓는점이 달라져요. 물은 분자들 사이 상호작용인 수소 결합을 잘하고 있지요. 그래서 다른 물질들에 비해 녹는점과 끓는점이 높은 편에 속한답니다. 우리가 자주 사용하는 기름 중에서 식물성 기름(식용유)과 동물성 기름(버터)은 녹는점과 끓는점이 매우 다른데요, 그 이유는 분자의 구조 차이와 관련이 있답니다.

혼합물의 어는점과 끓는점의 변화를 보면 아주 재미있습니다. 물에 소금이나 설탕과 같은 휘발성이 없는 물질을 섞으면 어는점은 내려가고 끓는점은 올라갑니다. 무언가를 섞으면 더 낮은 온도에서 얼고, 더 높은 온도에서 끓는다는 말이에요. 이때 어는점과 끓는점의 변화 정도는 넣어준 소금이나 설탕의 양에 비례해서 달라지는데, 이러한 성질을 이용하면 소금물의 어는점을 측정해서 물에 소금이 얼마나 섞여 있는지(소금물의 농도)를 알 수 있어요. 물질의 어는점과 녹는점은 다양한 분야에 활용할 수 있습니다. 겨울철에 도로가 빙판이 되어 운전자에게 위험한 상황이 되면 염화칼슘$CaCl_2$을 뿌려서 얼음을 녹이고, 결빙을 예방합니다. 물에 염화칼슘이 섞이면 어는점이 내려가서 잘 얼지 않기 때문이에요. 또 자동차의 엔진을 식혀주는 냉각수에는 보통 에틸렌글리콜ethylene glycol이라는 물질을 부동액으로 섞어줍니다. 냉각관에 순수한 물만 넣으면 냉각 성능은 좋지만 동파 위험이 높아지거든요. 에틸렌글리콜이 물에 섞이면 쉽게 얼지 않기 때문에 겨울철 엔진의 냉각관이 얼어서 파열되는 것을 방지할 수 있지요. 지역마다 겨울철 최하온도가 다르기 때문에 섞어주는 부동액 양은 달라집니다. 더 추운 곳에서는 부동액의 양을 더 많이 섞어주어야 겠지요. 우리나라에서는 자동차운전면허를 만 18세부터 취득할 수 있어서 잘 모를 수 있지만 어른들은 겨울철이 되면 정비소에 가서 부동액의 농도를 점검하고 부족하면 보충하곤 한답니다.

물질마다 끓는점이 다르다는 사실은 혼합물을 분리하는 데 응용되기도 해요. 사람들은 수천 년 전부터 곡식을 발효하여 술을 만들었는데, 이때 얻은 술은 알코올과 물이 섞인 혼합물이었지요. 그런데 알코올은 물보다 끓는점이 낮아서 가열하면 먼저 기체가 되기 때문에 사람들은 이 기체를 냉각시켜 더 진한 알코올을 얻어냈답니다. 이러한 방법을 증류distillation라고 불러요. 증류는 땅속에서 얻어낸 원유를 등유, 경유, 휘발유 같은 다양한 석유제품으로 분리하는 정유 기술의 원리이기도 합니다. 우리나라는 석유가 나지 않는 나라지만 정유 기술은 세계적으로 매우 앞서 있습니다. 우리나라의 발전된 석유정제 기술은 석유 관련 화학 산업 발전으로 이어졌고 이것이 지금과 같은 부강한 나라를 만드는 데에 적잖이 공헌했어요. 증류의 원리에 대해서는 뒤에서 다시 다루기로 해요.

Q #분자의_구조 #혼합물에_따른_변화 #농도_측정 #실생활_이용 합물_분리 #증류 #정유 #정제

열과 에너지
인류의 발전과 함께한 에너지 혁명

인류의 발전 과정에서 가장 중요한 역할을 한 것은 무엇일까요? 누군가는 '도구 발명'을 꼽기도 하고 또 어떤 이는 '문자 발명'이 가장 중요한 역할을 했다고 말하기도 합니다. 이에 못지않게 '불의 발견'이 중요합니다. 인류가 불을 발견하고 나아가 다룰 수 있게 되었다는 것은, 높은 온도를 만들 수 있고 또 필요에 따라 제어할 수 있게 되었다는 의미겠지요. 불의 사용으로 인류는 혹한의 추위에서 살아남을 수 있었고 먹을 수 있는 음식이 다양해져서 생존에 더 유리해졌습니다. 또 도자기, 청동기, 철기와 같은 개량 도구, 아름다운 건축물과 예술품을 만들 수 있게 되었어요. 불은 사람들의 가치관과 종교에도 영향을 미쳤어요. 기원전 그리스의 철학자 헤라클레이토스는 불이 만물의 본질이라고 생각했답니다. 또 중동과 아시아 지역에서 한때 번성했던 조로아스터교는 불을 신성시하기도 했죠. 인류의 역사에서 대부분의 기간에 불은 인류에게 신비로운 대상이며 때론 신성한 존재로 여겨졌어요. 이 말은 인류가 오랫동안 불의 본질을 제대로 알지 못했다는 의미이기도 합니다.

문명이 발달하면서 사람들은 불 자체보다는 불에 의해 물질이 연소할 때 발생하는 열을 더욱 유용하게 이용했어요. 그러다가 18세기 초에 사람들은 증기기관을 발명했고 드디어 열을 이용해서 동력을 만들 수 있게 되었답니다. 열을 이용한 동력의 발명은 인류의 기술문명 수준을 놀랍도록 바꾸어놓았어요.

18세기에서 20세기까지 지속된 산업혁명 기간 동안 열기관은 인간 사회 자체를 완전히 바꾸어놓았습니다. 하지만 이 기간에도 사람들은 열이 무엇인지 제대로 알지 못했어요. 질량 보존의 법칙을 발견한 프랑스 화학자 라부아지에를 비롯하여 원자론을 발표한 영국 화학자 돌턴도 열은 원소 중 하나라고 생각했고 칼로릭caloric이라고 이름붙였답니다. 우리가 음식물의 열량을 따질 때 사용하는 '칼로리calorie'라는 용어가 여기서 나왔어요. 하지만 열기관의 성능을 개량하기 위한 연구 과정에서 과학자들은 칼로릭이란 원소의 정체를 함께 연구했어요. 그러면서 열과 에너지의 비밀이 하나씩 풀렸고, 열과 에너지를 다루는 열역학이라는 학문이 탄생했답니다. 이 열역학은 물리학과 화학의 기초를 담당하는 매우 중요한 분야예요.

열역학에 의한 열과 에너지의 본질에 대한 연구는 이론 분야뿐만 아니라 응용 분야에서도 대단한 진보를 이루었어요. 그러한 지식은 기차, 화물선과 같은 거대한 운송수단의 발전에도 크게 기여했고 신대륙과 신도시가 개발될 수 있었어요. 하지만 대포와 총기류 역시 급격하게 발전하여 두 차례의 세계대전이 발발하는 무서운 결과도 낳았어요. 2차 세계대전이 끝나고 석유 보급이 늘어나면서 인류가 사용하는 에너지의 양은 더욱 급격하게 증가했습니다. 석유 자원을 선점, 독점하려는 국가 간 갈등과 대립은 종종 대규모 전쟁으로 이어지기도 하였습니다. 지금도 원유 매장량이 높은 중동 국가에는 끝없는 분쟁이 이어지고 에너지 공급을 둘러싼 국제적 갈등은 첨예한 군사 대립으로 이어지고 있어요. 또, 화석연료의 무분별한 사용으로 인한 환경오염과 기후 변화 문제는 생태계를 위협하고 결국 인류의 생존마저 위태롭게 하고 있다는 경고가 동시다발적으로 나옵니다. 그래서 세계 각국은 화석에너지 사용을 줄이기 위해 머리를 맞대고 있어요. 여전히 갈 길이 너무나 요원한 실정입니다.

Q #불을_다루다 #생존 #예술 #만물의_본질 #연소 #증기기관 #산업혁명 #칼로릭 #화석연료

열량

열은 어떻게 측정할까?

우리는 매일 무언가를 먹어요. 우리가 음식물을 먹는 이유는 몸을 유지하고 생활하는 데 필요한 에너지를 얻기 위해서예요. 그런데 언젠가부터 사람들이 음식물을 섭취할 때 열량(칼로리)에 신경을 많이 씁니다. 식단으로 제공되는 밥과 반찬의 열량, 그리고 때로는 마시는 음료수와 디저트의 열량을 꼼꼼히 체크하기도 하죠. 음식물의 열량은 칼로리라는 단위로 표시되어 있어요. 칼로리는 열을 계량하는 단위 중 하나예요. 칼로리가 높다는 것은 열량이 많고, 칼로리가 낮다는 것은 열량이 적다는 의미인 것입니다. 그렇다면 열량, 즉 칼로리는 어떻게 측정하는 것일까요?

우리가 알고 있는 대부분의 측정치는 어떤 도구나 장치를 이용해 측정한 값이에요. 길이는 자를 가지고 재고, 부피는 정해진 크기의 그릇으로, 온도는 온도계, 압력은 압력계, 체중은 체중계를 이용해 측정해요. 여기서 혹시 여러분은 머릿속에 '열량계'라는 장치를 떠올렸나요? 네, 맞습니다. 열을 측정하는 열량계라는 장치를 이용하면 열량을 측정할 수 있답니다. 사실 알고 보면 열량계는 온도의 변화를 측정하는 장치, 곧 온도계의 일종이에요.

사람들은 보통 '온도'와 '열'을 정확하게 구별하지 않고 같은 개념으로 인지해요. 온도가 높으면 열이 많다고 생각하고 온도가 낮으면 열이 적다고 생각하죠. 일상생활에서 이런 생각은 큰 문제가 없지만 과학적으로는 옳은 것이 아니에요. 이렇게 생각해 볼까요? 섭씨 100도로 끓는 물이 있어요. 이 끓는 물은 한 방울의 온도나 한 컵의 온도나 모두 같은 100도일 거예요. 그렇다면 이들은 열량도 같을까요? 아니지요. 더 많은 물을 끓이기 위해서 우리는 더 오랫동안 열을 가해야 합니다. 온도는 크기(양)와 관계없는 성질이지만 열은 크기(양)에 따라 변하는 성질이랍니다. 그러니 같은 온도의 물이라도 양이 다르면 열량도 달라질 수밖에요. 온도 차이를 열로 바꾸기 위해서는 비열(열용량)이 필요합니다. 비열은 물질마다 다른 고유의 값을 가집니다. 예를 들어 물의 비열은 '1cal/g ℃'라고 말합니다. 물 1g을 가열하여 온도 1℃를 올리기 위해서 1cal의 열이 필요하다는 뜻입니다. 따라서 물 100g을 1℃ 올리는 데는 100cal의 열이 필요하겠지요. 이걸 수식으로 쓰면 다음과 같습니다.

열량 = 비열 × 온도 변화

이 공식을 이용하면 열량이 어떻게 측정되는지 알 수 있답니다. 어떤 물질이 타거나 분해될 때 나타나는 온도 변화를 측정하고 거기에 비열값을 곱해주면 되는 것이죠. 여러분이 좋아하는 햄버거를 예로 들어볼까요? 햄버거 250g의 열량을 대략 500kcal(킬로칼로리) 정도라고 해봅시다. 킬로k, kilo는 1,000을 의미하는 용어이므로 여기에 1,000을 곱해주면 500,000칼로리기 된답니다. 이 정도 열량이면 이론적으로 5킬로그램의 차가운 얼음물을 끓일 수 있을 정도의 양입니다. 우리 몸은 수많은 화학 반응이 일어나는 일종의 화학공장이에요. 이 공장이 잘 돌아가는 데는 에너지가 필요하고 그 에너지는 음식물 섭취를 통해서 공급됩니다. 그렇다고 매일 햄버거만 먹으면 안 돼요.

#칼로리 #열_계량 #열량계 #온도와_열 #비열값 #음식물_섭취 #우리_몸을_움직이는_에너지

화학 에너지의 저장
에너지는 어디에 저장될까요?

우리는 매일 숨 쉬며 활동합니다. 그러기 위해서는 무언가를 먹어야 하고요. 여러분은 음식물이 우리의 삶을 영위하는 데 꼭 필요한 에너지원이라는 것을 잘 알고 있지요. 그런데 대체 음식물 어디에 에너지가 저장된 것일까요? 이 저장된 에너지는 또 어디서 온 것일까요? 결론부터 이야기하면 우리가 사용하는 '거의 모든' 에너지의 근원은 태양이에요. '모든'이라고 하지 않고 '거의 모든'이라는 표현을 쓴 이유는 핵 에너지처럼 일부 에너지는 태양이 아닌 우주나 별에서 만들어진 경우도 있기 때문이랍니다. 지금 우리가 관심을 두는 화학 에너지는 모두 태양에서 온 것이라고 봐도 될 거예요.

　매일 같이 지구에 쏟아지는 태양 에너지는 녹색식물을 자라게 하지요. 녹색식물들의 광합성 작용은 태양 에너지를 이용해 포도당을 만들어 식물의 몸에 저장해요. 초식동물이 식물을 먹을 때 포도당을 섭취하고 포도당의 에너지는 먹이사슬에 의해 육식동물 그리고 우리 인간에게 전달됩니다. 여기서 우리는 태양에 너지가 포도당이라는 물질 속에 저장되어 있다는 점을 알아야 해 요. 더 정확히 말하면 태양에너지는 포도당의 분자 구조를 만드 는 화학 결합(공유 결합)에 저장되어 있어요. 따라서 우리가 포도당 에 저장된 태양에너지를 꺼내 쓰기 위해서는 포도당의 화학 결합 을 분해해야 합니다.

우리 몸이 포도당을 어떻게 사용하는지 예를 하나 들어볼게 요. 어떤 농부가 1년간 농사지어 가을에 많은 농작물을 수확했어 요. 농부는 수확한 농작물 일부는 가족과 함께 먹고, 또 일부는 시 장에 내다 팔아서 돈으로 바꾸어 저금해놓고 필요할 때마다 꺼 내 씁니다. 마찬가지로 우리 몸 세포 내에서 포도당이 분해되면 생성되는 에너지 일부는 열에너지로 바로 우리 몸에서 사용해요.

↑ ATP의 구조

그리고 나머지는 ATP라는 에너지 화폐로 바꾸어 세포 안에 저금해놓는답니다. 우리 몸은 에너지가 필요할 때마다 이 세포 속 ATP 화폐를 꺼내서 에너지로 바꾸어 사용합니다.

$$\text{이산화탄소} + \text{물} + \text{태양에너지} \longrightarrow \text{포도당(녹말)}$$

$$\text{포도당} \longrightarrow \text{열에너지} + \text{ATP}$$

$$\text{ATP} \longrightarrow \text{ADP} + \text{에너지}$$

ATP는 아데노신3인산이라고 불리는 물질로, 아데노신이란 분자에 인산이 3개 결합한 상태예요. 이 인산 결합 중 하나가 끊어지면서 아데노신2인산ADP이 되는데, 그때 화학 결합에 저장되어 있던 에너지가 빠져나와요. 우리가 숨을 쉬는 매 순간, 걷고 계단을 오르는 순간마다 필요한 에너지를 순식간에 얻게 되는 것은 바로 이 ATP 화폐에 저장된 에너지 덕분입니다.

Q #에너지의_근원 #화학_에너지 #태양_에너지 #광합성 #포도당 #공유_결합 #ATP #에너지_화폐

산과 염기
오랫동안 우리 곁에서 함께하고 있는 물질

산acid과 염기base는 매우 전문적인 용어지만 단어 자체는 우리에게 친숙해요. 그만큼 오랫동안 우리가 일상생활에서 사용한 물질입니다. 산과 염기가 일상에서 사용된 기록은 고대 이집트나 메소포타미아의 기록에서도 찾아볼 수 있어요. 그 정도로 인류와 함께한 역사가 긴 거예요. 고대인들은 주로 맛으로 산과 염기를 구별했어요. 산은 신맛, 염기는 쓴맛을 내는 물질이라고 생각했습니다. 하지만 이러한 방법으로 산, 염기를 구별하는 것은 매우 위험하며 과학적으로도 올바르지 않아요. 다만 주변에서 흔하게 만나는 몇 가지 친숙한 산-염기의 특성을 대변해주는 정도예요. 우리는 음식에 새콤한 맛을 더해주려 식초를 사용합니다. 음료 공장에서는 청량음료의 향미를 증진하는 데 탄산과 인산을 사용해요. 한편 염기는 주방과 화장실에서 세척제로 사용돼요. 우리가 산과 염기에 관한 다양하고 체계적인 정보를 얻게 된 데는 연금술의 공로가 큽니다. 연금술사들은 일부 산이 금속을 녹일 수 있다는 것을 알았고 이를 매우 신비롭게 여겼어요. 그래서 더욱 다양한 금속을 녹일 수 있는 산을 찾으려고 노력했죠. 그 과정에서 다양한 종류의 산과 화학적 정보를 얻을 수 있었답니다.

산과 염기를 과학적으로 정의하는 것은 그리 간단하지 않으며 때로는 약간 까다로운 경우도 있어요. 따라서 "산은 어떤 것이다." 혹은 "염기는 어떤 것이다."라고 단정 지어 말하는 것이 쉽지 않답니다. 다만 화학을 처음 배우는 학생들에게 "산은 물에 녹아서 H^+(양성자, 수소 원자가 전자를 하나 잃어버리고 양이온이 된 것)을 내놓는 물질이며, 염기는 양성자를 받아들이는 물질이에요"라고 가르치죠. 대부분 이러한 설명은 알맞습니다. 산은 양성자를 내놓고 염기는 그 양성자를 받아들여야 하니 화학 반응에서 산과 염기는 항상 쌍으로 같이 붙어 다닙니다. 우리가 염산이라고 부르는 HCl을 물$_{H_2O}$에 녹이는 경우를 화학식으로 나타내볼까요?

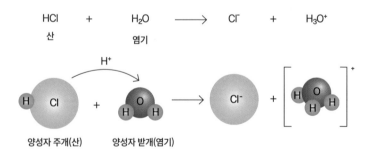

$$HCl + H_2O \rightleftarrows Cl^- + H_3O^+$$

위 식에서 염산HCl에 있던 양성자H+가 물H₂O로 이동했지요. 다시 말하면, 염산은 양성자를 내놓았고 물은 그 양성자를 받아들였습니다. 그러므로 앞에서 언급한 산과 염기의 정의를 이용하면 염산은 산이고 물은 염기가 분명하겠지요. 우리는 평소에 물을 염기라고 생각하지 않아요. 하지만 산과 염기는 상대적인 정의이며 반응식에서 항상 짝을 지어 행동한답니다. 따라서 이 경우에는 물을 염기로 생각해야 해요. 정반대 경우도 있답니다. 암모니아NH₃를 물에 녹이는 경우를 생각해보도록 해요.

$$NH_3 + H_2O \rightleftarrows NH_4^+ + OH^-$$

이 식에서는 물에 있는 양성자가 암모니아로 이동했어요. 그러므로 물은 산이 되고 암모니아는 염기가 됩니다. 우리는 평소물을 산이라 부르지도 않고 또 염기라 부르지도 않기 때문에 이런 반응식이 이상하게 보일 수도 있겠지만, 산-염기 반응에서 산과 염기의 정의는 절대적인 것이 아니고 항상 쌍으로 표시해야한다는 것을 기억하면 돼요.

🔍　#신맛 #쓴맛 #과학적으로는_위험해 #연금술의_공로 #양성자를_잃고_얻는_화학_반응 #상대적

036

피에이치(pH)
산-염기의 세기를 숫자로 나타내요

숫자나 수식 또는 특별한 기호를 외우려면 어려울 수 있습니다. 하지만 때로는 설명하기 어려운 문제나 복잡한 상황을 수식과 기호가 쉽게 해결해주는 경우가 있어요. 산과 염기의 세기를 표시하고 또 금방 이해하는 데도 마찬가지입니다. 우리는 앞에서 산은 물에 녹았을 때 양성자H^+를 내놓는 것이고 염기는 반대로 양성자를 받아들이는 물질이라고 했지요. 그렇다면 산의 세기를 수용액에서 양성자와 결합한 하이드로늄 이온H_3O^+의 많고 적음, 즉 하이드로늄 이온의 농도로 표시하면 좋을 것 같다는 생각이 들거예요. 1909년 덴마크 화학자 쇠렌센S. P. L. Sørensen은 하이드로늄 이온의 농도를 이용해서 산과 염기의 세기를 제시하는 방법을 제안했답니다. 그가 사용한 하이드로늄 이온의 농도를 표시하는 방법을 pH라고 부릅니다. 여기서 p는 소문자로 H는 대문자로 쓰는 것이 일반적이며 영어로 '피-에이치'라고 읽는답니다. 간혹 독일어로 '페-하'라고 읽는 경우도 있어요.

하이드로늄 이온 농도	pH 값
0.1	1
0.01	2
0.001	3
0.0000001	7
0.0000000001	10
0.00000000000001	14

쇠렌센이 제안한 방법은 수용액에서 산과 염기가 가지는 하이드로늄 이온 농도가 보통 0보다 훨씬 작은 수라는 점에서 착안하여, 소수점 아래 0의 개수를 숫자로 표시하는 것이었어요.

결국 pH 값에서 차이가 1이 나면 실제 하이드로늄 이온 농도는 10배 차이인 셈입니다. pH 척도는 순수한 물을 기준값으로 해요. 순수한 물은 25℃에서 하이드로늄 이온 농도가 0.0000001이며, pH는 7이에요. 그 때문에 우리는 pH가 7보다 작은 값을 갖는 경우를 보통 산성이라고 하며 7보다 큰 값을 갖는 경우를 염기성이라고 하는 겁니다. 그래서 산도는 pH가 7보다 작을수록 강해지며, 염기도는 pH가 7보다 클수록 강하답니다.

pH 값을 이용하면 수많은 산과 염기의 상대적 세기를 손쉽게 나타낼 수 있어요. 우리가 즐겨 마시는 콜라나 새콤한 과일주스들은 대략 pH가 2에서 4입니다. 또 우리 몸속의 위액은 pH가 1 정도 됩니다. 매우 강한 산성을 띠지요? 우리가 일상에서 사용

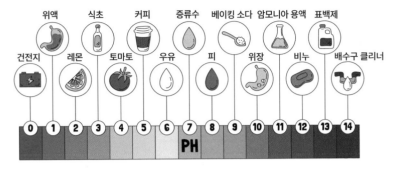

⬆ 우리 주변에서 흔히 볼 수 있는 물질과 pH

하는 비누는 pH가 대략 10 정도입니다. 세탁용 표백제는 대략 13 정도로 매우 강한 염기성을 가져요.

　과학자들은 실험실에서 'pH 메타'라고 부르는 정밀한 실험 장치를 이용해서 시료의 하이드로늄 이온 농도와 pH를 측정합니다. 하지만 그렇게 정확한 값이 필요치 않은 간단한 실험 현장이나 야외 환경에서는 리트머스 시험지라는 저렴한 측정용 시약 종이를 이용해요. 리트머스 시험지를 이용하면 간단하게 pH 값을 어림할 수 있답니다. 리트머스 시험지는 시료 속 하이드로늄 이온 농도에 따라 색깔이 변하는 시약을 종이에 바른 것으로 매우 다양한 제품이 판매되고 있답니다. 단순히 색깔의 변화로 산성과 염기성을 판단하는 것도 있고 변화된 색의 농도로 대략적인 pH를 짐작할 수 있는 것도 있어요.

🔍　#하이드로늄_이온 #소수점_아래_0의_개수 #쇠렌센 #산성과_염기성 #리트머스_시험지

혈액
피에 담긴 과학

우리는 중요한 무언가를 먹거나 얻을 때 "피가 되고 살이 된다." 라는 말을 사용하곤 해요. 아마도 피가 우리에게 없어서는 안 될 중요한 존재이기 때문일 거예요. 우리의 몸에 있는 혈액의 양은 정상적인 성인의 경우 약 4.5L 정도라고 해요. 혈액은 우리가 공기 중에서 들여 마신 산소를 몸 안의 구석구석 세포에 전달해주어 생명을 유지하는 역할을 합니다. 혈액에는 매우 정교하고 놀라운 화학 원리도 숨어 있어요. 그것은 바로 산과 염기의 농도변화에 대응하는 완충작용이에요.

건강한 사람의 혈액은 pH가 약 7.4로, 매우 약한 알칼리성을 띠고 있답니다. 그런데 만약 이 값이 ±0.2 이상 변하게 되면 생명을 잃는 무서운 결과를 초래해요. 이런 작은 변화에 목숨을 잃을 수도 있다니 정말 무서운 일이지요. 우리가 주변에서 흔히 먹고 마시는 많은 음식물이 산성을 띱니다. 중성이라고 알고 있는 물도 공기 중에서는 대부분 약한 산성으로 변하죠. 콜라, 사이다 같은 청량음료는 물론이고 건강에 좋다고 생각해서 마시는 과일 주스, 심지어는 알칼리성 이온 음료라고 선전하는 음료조차 실제로는 산성을 띠고 있는 것들이 대부분이에요. 그렇다면 우리 체중의 약 8%밖에 안 되는 혈액이 어떻게 pH가 7.4 정도로 약한 알칼리성을 유지할 수 있을까요? '강한 산성을 띠고 있는 레몬주스 한 병을 모두 마시는 것은 생명을 위험하게 하지 않을까?' 하고 걱정된다면 같이 한번 살펴봅시다.

만약 우리 몸이 외부로부터의 자극과 변화에 적절하게 대응하지 못한다면, 우리는 한잔의 음료수조차 안심하고 마실 수 없을 것입니다. 하지만 다행스럽게도 우리 몸속 혈액은 산과 염기성의 변화를 적절히 제어해주는 완충작용을 합니다. 혈액이 완충작용을 하는 덕분에 우리는 파국적인 죽음을 피하고 건강한 삶을 유지할 수 있습니다. 혈액의 완충작용은 사실 다양하고 복잡한 메커니즘을 갖고 있어요. 그중 가장 간단하게 설명할 수 있는 것을 꼽자면, 이산화탄소가 물에 녹아 생긴 탄산과 그 탄산염의 작용이에요. 혈액 속에는 이산화탄소가 녹아 만들어진 탄산H_2CO_3과 탄산염이 있어요. 탄산과 탄산염은 외부에서 산과 알칼리가 유입되었을 때 pH가 급격히 변화하지 못하도록 조절해주는 역할을 해요. 또 과량으로 존재하는 탄산은 호흡을 통해 다시 이산화탄소로 배출하게 되어 있으니, 생명의 신비함과 오묘함에 감탄하지 않을 수 없어요.

이 외에도 사람의 몸은 몇 가지 보조적인 혈액 완충작용을 더 가지고 있어서 이들의 복합적인 작용으로 우리는 건강한 삶을 유지합니다. 하지만 혈액의 완충작용이 모든 변화에 대응할 수 있는 것은 아니에요. 만약 질병이나 특별한 외부 환경 변화 때문에 혈액의 pH가 적정 한도 이상으로 변하는 위험한 상황이 발생할 수도 있어요. pH가 7.4보다 낮아지는 경우를 산혈증이라고 부르며 반대로 7.4보다 높아지면 알칼리혈증이라고 부릅니다. 우리 몸은 각종 신진대사 과정에서 약간의 산을 만들기 때문에 알칼리혈증보다는 산혈증의 빈도가 높다고 해요. 만약 혈액의 pH 변화가 크게 나타나면 우리 몸의 각종 효소 작용이 방해받게 되고 또 헤모글로빈에 의한 산소전달 작용이 어려워져 죽음에 이르게 됩니다. 사람의 몸은 정말 심오하고 신비로운 일종의 화학공장 같아요.

038
산화와 환원
언제나 함께 일어나는 반응

우리는 매 순간 호흡을 통해 산소를 흡수하고 몸 안 세포 곳곳으로 산소를 전달하며 생명을 영위합니다. 생명 작용에서 산소와 관련된 화학 반응은 매우 중요한 역할을 합니다. 산소는 지구상 대부분의 생물에 꼭 필요한 원소로, 생명체에게만 중요한 것이 아니라 우리가 이용하는 자동차, 난방기구, 요리 도구 등을 만들고 사용하는 과정에도 산소가 관여합니다.

지구가 탄생한 초기에 지구의 대기에는 산소가 거의 없었답니다. 그러다가 지금으로부터 약 24억 년 전쯤 어느 순간부터 지구 대기에 산소의 농도가 폭발적으로 증가하는 사건이 발생했어요. 과학자들은 바닷물에 살고 있었던 남조류들이 갑자기 번식하면서 광합성을 통해 산소를 급격하게 생산했다고 추측합니다. 이 시기에 폭발적으로 증가한 산소로 대다수 미생물(혐기성 미생물)이 멸종했어요. 당시의 생물들에게 산소는 무척 낯선 원소였고, 그 생물들은 산소를 호흡하며 살 준비가 전혀 안 되었기 때문이었죠. 하지만 그 후 산소를 이용해 호흡하는 미생물(호기성 미생물)들이 출현하면서 대기 중의 산소 농도는 천천히 줄어들게 되었습니다. 이때부터 지구상 대부분의 생명체는 산소에 적응하며 진화했고, 이후 지금까지 지구 대기 중 산소 농도는 일정한 평형상태를 유지하고 있어요.

인간이 산소의 화학 작용을 제대로 이해하기 시작한 것은 불과 몇 세기 전입니다. 사람들은 산소의 작용을 알게 되면서 분자나 원자가 산소와 결합하는 반응을 산화oxidation, 산소가 떨어져 나가는 반응을 환원reduction이라고 불렀습니다. 과학자들은 산소와 결합하고 분리되는 반응의 본질에 주목했고, 중요한 것은 산소가 아니라 반응에 참여하는 원자나 분자가 갖고 있는 산화수의 변화라는 것을 알게 되었지요. 그리고 많은 경우 산화와 환원은 독립적으로 발생하는 것이 아니라 동시에 일어난다는 사실을 알게 됩니다. 그래서 어떤 화학 반응을 각기 산화반응, 환원반응이라고 단독적으로 부르지 않고 산화-환원반응이라고 부르는 거예요. 수소와 산소가 결합해서 물을 만든 경우를 예로 들어볼까요?

$$수소 + 산소 \longrightarrow 물$$

$$2H_2 + O_2 \longrightarrow 2H_2O$$

이 반응에서 수소는 산소와 결합했기 때문에 산화되었다고 볼 수 있지만, 산소 자신은 수소와 반응하면서 산화수가 감소했기 때문에 환원된 것입니다. 결국 이 반응은 산화와 환원이 동시에 일어난 산화-환원 반응이에요. 산화수의 변화를 따지기가 어렵다면, 산소와 결합한 수소는 산화되었고 수소와 결합한 산소는 환원되었다고 생각하면 됩니다. 현대 화학에서는 산화-환원을 좀 더 넓은 의미로 다음과 같이 정의해요.

산화	환원
산소를 얻는 것	산소를 잃는 것
수소를 잃는 것	수소를 얻는 것
전자를 잃는 것	전자를 얻는 것

처음에는 이런 정의가 다소 어려울 수 있지만 관심을 두고 천천히 공부하다 보면 어느 순간 쉽게 이해될 거예요.

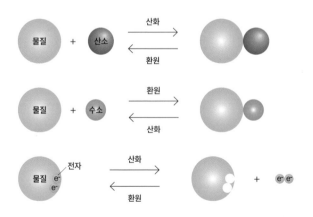

Q   #산소 #호흡 #대기 #호기성_미생물 #산소와_결합_산화 #산소와_분리_환원 #함께_일어나요

039

화학전지
개구리 뒷다리에서 시작된 볼타 전지

산화-환원 반응은 전기를 만드는 화학 전지 반응을 설명하는 데 매우 유용해요. 전기는 근대 이후 우리의 일상에 없어서는 안 될 중요한 에너지로 사용되고 있어요. 특히 최근에 전기차가 실용화되면서 화학 전지의 중요성이 크게 대두되고 있죠. 전기는 자연에서 흔히 볼 수 있는 현상의 하나인데, 사람들이 전기의 실체에 눈을 뜬 것은 18세기 후반 무렵이에요. 1780년 이탈리아 과학자 갈바니Galvani가 해부 실험을 하는 도중 우연히 금속에 닿은 개구리의 다리가 움직이는 것을 발견했어요. 그는 이것을 동물의 몸에서 발생한 전기현상이라고 생각했지요. 그러나 그의 친구였던 볼타Alessandro Volta는 이 현상을 전혀 다르게 해석했답니다. 볼타는 개구리의 다리가 움직인 것은 금속에서 발생한 전기 때문이라고 주장했어요. 그는 이를 증명하기 위해 간단한 전기 발생장치(전지)를 개발하여 시연했답니다.

볼타가 개발한 최초의 전지는 두 개의 다른 금속판(아연과 구리)

사이에 묽은 황산 용액을 넣은 것이었어요. 여기서 아연은 전자를 잃고(산화), 구리는 그 전자를 얻게(환원) 됩니다. 이 과정에서 전기가 발생하기 때문에 이런 반응을 전지 반응이라고 부르는 거예요. 산화-환원 반응에서 전기가 생성되는 이유는 두 개의 금속이 갖는 이온화 경향에 차이가 있기 때문이에요. 모든 물질은 전자를 가지고 있습니다. 때에 따라 물질은 가지고 있던 전자를 잃을 수 있는데, 이것을 이온화ionization라고 해요. 어떤 원소는 전자를 쉽게 잃지만, 어떤 원소는 전자를 잘 잃어버리지 않아요. 이러한 차이를 이온화 경향이라고 합니다. 만약 이온화 경향이 다른 두 금속을 전해질로 연결해놓으면 그 차이만큼의 힘인 기전력(단위는 볼트, V)이 발생합니다. 이것이 바로 볼타가 만든 화학 전지의 원리예요. 친구 사이였던 볼타와 갈바니의 과학적 논쟁으로 인해 전지가 탄생한 거예요. 이런 간단한 전지를 흔히 볼타 전지 또는 갈바니 전지라고 부른답니다. 한편 그로부터 얼마 지나지 않아 미국 과학자 다니엘은 볼타 전지의 성능을 개량했고 이것을 다니엘 전지라고 부른답니다.

전지의 발명은 물리학, 화학, 생물학 등 다양한 분야에서 새로운 실험과 발견으로 이어집니다. 19세기에 급격하게 발전하는 전자기학도 그런 소득 중의 하나예요. 영국 화학자 마이클 패

Q #산화-환원_반응 #전기차 #갈바니와_볼타 #이온화 #전자를_잃고_지키는_차이 #볼트_볼타

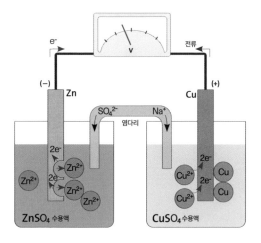

↑ 다니엘 전지의 원리

러데이는 전기를 이용한 물질 분해에 관심을 가졌어요. 그는 전기분해 실험을 통해 일정한 양의 전류를 흘려주었을 때 분해되는 물질의 양은 항상 일정하다는 전기와 물질량의 관계를 밝혀내어 전기를 이용한 정량분석화학의 기초를 다졌답니다.

갈바니가 발견한 동물전기현상은 당시 과학계뿐만 아니라 사회적으로도 사람들에게 매우 충격적인 현상으로 다가왔어요. 당시 사람들은 생명 현상, 즉 삶과 죽음을 연결하는 신비로운 현상 중 하나로 전기현상에 크게 주목했고, 이런 생각을 갈바니즘(Galvanism)이라고 불렀답니다. 갈바니즘의 흔적은 1800년대 초에 나온 소설 『프랑켄슈타인』에도 잘 나타나 있어요. 이 소설에서는 전기를 이용해 죽은 사람을 살려냅니다. 작가가 이 소설을 구상한 것은 갈바니의 실험에 크게 영향을 받았다고 해요.

040

철

대제국 건설의 토대가 된 금속

우리는 흔히 철을 강한 물건의 대명사로 사용합니다. 무쇠, 강철 같은 용어는 철을 지칭하는 명사이기도 하지만 각종 수식어로 강하고 튼튼한 물건을 뜻하는 말로 사용하지요. 인류의 문명은 도구와 글자의 발명으로 발전 양상에 가속도가 붙었지만, 철로 만든 도구의 사용은 강력한 권력의 탄생과 대제국을 만드는 기초가 되었습니다. 인류가 언제부터 철로 만든 도구를 사용하였는지를 밝히는 일은 고고학계는 물론 과학계에서도 흥미가 있는 주제랍니다. 철로 만든 정교한 칼은 기원전 수천 년, 이집트 고분에서도 발견되었어요. 이 칼의 성분을 분석해보니 별똥별의 잔해, 즉 운석으로 만들었다는 것이 밝혀졌답니다. 인류가 최초로 사용한 것으로 짐작되는 철제 도구는 하늘에서 온 재료를 이용해 만든 것이었어요.

철은 구리, 금, 은 등의 금속과는 달리 지구상에서 순수한 원소 상태로 발견되지 않고, 대부분 산소와 결합한 철광석 형태로 존재합니다. 이것을 녹여서 순수한 철을 얻는 일은 매우 까다로 워요. 우선 철의 녹는점은 약 1,500℃로 구리나 금에 비해 월등히 높습니다. 고대인이 사용한 화력으로는 이런 높은 온도 조건을 만족시키기 어려웠을 겁니다. 인류는 우연히 철을 추출하고 가공하기 시작했을 것으로 추측됩니다. 과학자들의 추론에 의하면 구리 광물에 일부 섞여 있던 철광석이 구리를 녹이던 가마 안에서 완전히 녹지 못하고 일부가 환원되어 찌꺼기로 남았고요. 이걸 다시 석탄에 넣어 가열하고 두드리는 일을 반복하면서 철의 결정 구조가 변하고 탄소의 조성이 증가하여 강철(철에 탄소가 0.1~1.7% 정도로 섞인 합금)을 만들게 되었을 것으로 추정합니다. 철 산화물의 일종인 철광석을 고온으로 녹여 철을 뽑아내는 과정을 제련이라고 하는데요. 제련 과정은 화학적으로 산화-환원 반응을 설명해주는 훌륭한 예랍니다. 철광석을 녹이기 위해 사용하는 석탄의 일종인 코크스가 산소와 반응하여 일산화탄소CO가 되는데, 일산화탄소는 철광석과 반응하여 이산화탄소로 산화되면서 철광석이 철로 환원합니다.

$$탄소 + 산소 \longrightarrow 일산화탄소\ CO$$

$$철광석\ Fe_2O_3 + 일산화탄소\ CO \longrightarrow 철\ Fe + 이산화탄소\ CO_2$$

고대인들이 화학 반응 원리를 이해했을 리는 없겠지만, 우연

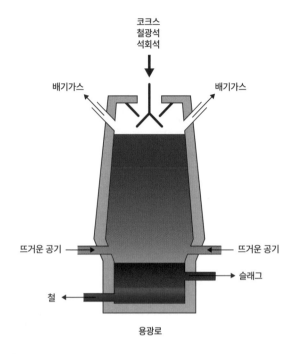

코크스
철광석
석회석

배기가스   배기가스

뜨거운 공기   뜨거운 공기

슬래그

철

용광로

⬆ 용광로를 이용한 제련

히 철을 발견해 호기심을 가졌고 가공하기 위해 여러 노력을 하여 순도와 강도를 높이는 방법을 터득했을 거예요. 하늘에서 떨어진 운석은 대기를 통과하면서 높은 온도로 가열되어 자연히 제련 과정의 일부를 거쳤을 것으로 추측합니다. 자연사 박물관이나 지질 박물관처럼 주변의 박물관 등에서 볼 수 있는 운석은 광택을 내는 금속 형태를 띤 것이 많답니다. 고대인들은 이 운석을 신의 선물로 귀하게 여겨 높은 신분을 가진 사람들을 위한 물건으로 만들게 되었을 거예요. 동서양을 막론하고 칼을 신권과 왕권의 상징으로 생각하는 전통과 전설이 많은 것은 단순한 우연이 아닙니다. 역사적으로 철을 많이 생산하고 가공하는 기술을 가진 민족이 강국을 만들었지요. 로마제국은 강력한 철기문화를 바탕으로 천년 넘게 이어져 주변 국가를 복속하고 대제국을 건설했고요. 로마의 영토 확장 과정은 철 생산을 확대하기 위한 철광산 확보와도 관련이 깊답니다.

#강철 #강하고_튼튼한_물건 #하늘에서_온_재료를_이용하다 #철광석 #철_가공 #코크스

041

강철과 합금

더 사용하기에 좋은 금속을 만들기 위해서 연구해요

오래전, 고구려를 건국한 동명성왕 이야기를 소재로 한 〈주몽〉이라는 드라마가 유행했어요. 이 드라마에서 주몽과 그 부하들이 강철 검을 만들기 위해 절치부심하는 내용으로 꽤 오랫동안 이야기가 이어졌습니다. 주몽은 자신들의 검이 중국 한나라의 검보다 약해서 싸우는 데 불리하다는 것을 알고 부러지지 않는 강한 검을 만들기 위해 노력합니다. 철에 무언가를 섞어야 더 강해지는 것은 분명한데, 무엇을 또 얼마나 섞어야 하는지 전혀 알 수가 없던 터라 비법을 알아내기 위해 아주 고생했어요. 물론 노력 끝에 한나라의 검에 필적하는 강철 검을 만드는 데 성공하지요.

강철은 철과 탄소의 혼합물로 탄소가 0.3~2% 정도 섞인 합금이에요. 탄소 함유량이 강철보다 적은 것은 흔히 연철이라고 부르는데, 매우 물러서 단단한 공구나 물건을 만들기에 적합하지 못해요. 탄소 함유량이 강철보다 높은 철은 주철이라고 부릅니다. 주철은 단단하지만 쉽게 부서지는 특징이 있어요. 고대인들은 철광석을 환원하여 철을 얻었는데, 문제는 철광석을 녹일 수 있는 높은 온도를 만드는 것이었어요. 순수한 철은 녹는점이 1,500°C가 넘었기 때문에 그 옛날에 이런 높은 온도를 만들란 쉽지 않았겠지요. 따라서 고대인들은 낮은 온도에서 철광석을 환원할 수밖에 없었답니다. 이렇게 만들어진 철이 괴련철이에요. 괴련철은 철과 철 사이에 공간이 많고 불순물도 아주 많았답니다. '대장장이' 하면 흔히 떠올리는 장면이 있지요? 철을 녹이고 두드리는 과정을 반복한 것도 불순물을 제거하고 단단하게 만들기 위한 과정이에요. 그러나 당시 괴련철로 만든 철은 탄소 함유량이 적어서 단단하지 못한 무른 철이었습니다. 결국 강철을 만들기 위해서는 일산화탄소가 분해되어 탄소 성분이 철에 유입될 정도로 높은 온도가 필요했어요. 그리고 그 비율을 조절하는 매우 어려운 기술이 요구되었을 거예요.

합금 제조 기술은 금속의 성질과 그 용도를 다양화하여 한정된 금속 자원의 활용성을 높이는 데에도 유용한 기술이에요. 강철이 아무리 강하다고 해도 녹이 스는 현상을 막을 수는 없습니다. 그러나 이 또한 합금 기술을 이용하여 해결할 수 있어요. 현재 우리가 일상에서 흔히 사용하는 스테인리스강은 철과 크롬을 혼합한 합금입니다. 부식에 강하고 우수한 가공성과 기계적 강도를 갖추어 다양하게 사용되고 있지요. 또 금이나 은은 매우 희귀한 금속이지만 합금으로 만들면 활용성을 훨씬 높일 수 있답니다.

금속에 다른 물질을 섞어서 합금을 만드는 과정에서 물질들의 비율을 조절하는 것은 매우 중요한 일입니다. 합금의 재료가 되는 금속이나 고체 물질들은 서로 녹는점에 차이가 있어요. 이런 물질들을 섞어 녹여서 하나의 덩어리로 만들면 물질들이 균일하게 섞이지 않을 수 있습니다. 특히 첨가하는 물질의 성분이 많아질수록 이런 현상은 더 쉽게 나타나요. 고르게 혼합되지 못한 합금은 균일한 물리적 성질을 갖지 못하고 활용성도 나빠질 거예요. 하지만 금속들의 혼합비를 아주 정밀하게 조절하면 서로 다른 두 개의 고체가 동시에 녹고 동시에 어는 비율을 얻어낼 수 있답니다. 이런 혼합물을 공융 혼합물eutectic mixture이라고 불러요. 땜납이 그 대표적인 예입니다. 전자제품의 도선이나 기판을 용접할 때 흔히 사용하는 땜납은 주석 63%와 납 37%가 섞인 공융 혼합물이랍니다. 납과 주석이 공융 혼합물로 조성되면 한 온도에서 두 물질이 같이 녹고 같이 얼게 되어서 균일한 물질이 되어요. 결국 열과 전기전도성이 우수한 물질이 된답니다. 물론 모든 합금이 공융 혼합물의 조성을 가질 수 있는 것은 아니에요. 하지만 더 우수한 합금을 찾아내기 위해 과학자들은 공융 조성을 연구합니다.

#철과_탄소의_혼합물 #산소_함유량 #연철 #주철 #온도 #철의_녹는점 #제련 #공융_혼합물

042

철의 부식

녹이 생기는 것을
막을 방법은 없을까?

산화–환원 반응이 원하지 않는 곳에서 일어나면 일상생활에 큰 불편과 위험이 닥칠 수 있어요. 금속의 부식(녹)이 대표적입니다. 특히 산업 전반에 광범위하게 사용되고 있는 각종 철제품에서 발생하는 부식은 우리의 안전을 위협할 수 있는 심각한 위험 요인입니다. 철은 공기, 물, 염분 등과 접촉하면 산화가 매우 쉽게 일어나는 금속이에요. 우리가 철을 얻는 제련 과정에서 다뤘던 것처럼, 철은 자연 상태에서는 대부분 철광석(철의 산화물) 형태로 존재하죠. 그 이야기는 그만큼 산화가 잘된다는 뜻입니다. 그러니 철의 부식을 막는 것 또한 쉽지 않은 일입니다.

철을 비롯하여 다양한 금속에서 발생하는 녹은 산화–환원 반응의 결과예요. 금속 원소가 다른 물질과 만나 전자를 잃어버리기(산화) 때문에 발생하는 것이지요. 여기서 다른 물질과 만나서 전자를 잃어버린다는 개념은 사실 상대적입니다. 우리는 다른 누군가와 무언가를 비교할 때 상대적 개념을 자주 사용해요. 빠르다, 느리다, 높다, 낮다 같은 물리적 개념뿐만 아니라 행복하다, 좋다 같은 감정적 상황까지도 '무엇보다 더 어떠하다.'처럼 상대적으로 견주곤 합니다. 금속의 산화-환원도 같은 방법으로 비교할 수 있어요. 산화가 잘 되는 금속이 자기보다 더 산화가 잘되는 다른 금속과 만나게 되면, 상대적으로 산화가 안 되는 것이고요. 그래서 반대로 환원이 일어날 수 있어요. 따라서 이런 상대적 차이점을 이용하면 금속의 부식을 막을 방법을 고안할 수 있답니다. 이것은 서로 다른 두 금속을 전해질로 연결하여 전기를 발생시키는 화학 전지의 원리와도 유사하죠.

인류는 철기를 사용하면서부터 부식이라는 소리 없는 적과 싸워왔어요. 철을 이용하여 놀랍도록 튼튼하고 강한 무기를 만들 수 있었지만, 반대로 조금만 소홀히 하면 철은 순식간에 녹이 슬어 쓸모없이 부서지고 말았어요. 부식의 화학적 원리를 알 수 없었던 고대인은 부식을 원천적으로 막지 못했을 거예요. 그저 부식을 늦추기 위해 신경 써서 닦고 소중히 간수했을 겁니다. 그러면서 금속의 표면에 기름과 같은 물질을 발라 공기를 차단하면 부식을 어느 정도 방지할 수 있다는 사실을 터득하게 되었겠죠.

현대에는 다양한 부식 차단 기술이 쓰이고 있어요. 가장 간단한 것은 전통적으로 사용했던 방법입니다. 금속 표면을 공기와 차단해 산화를 지연하는 방법이에요. 기름이나 페인트를 칠하는 단순한 방법도 있지만, 금속이 산화될 때 생성되는 산화물 막을 그대로 이용하는 방법도 있답니다. 앞에서 이야기한 스테인리스 강은 철과 크롬의 합금이에요. 크롬이 산화되면서 생기는 산화물이 금속 표면에 아주 얇은 막을 만들죠. 이 막으로 인해 철이 공기와 차단되어 녹이 잘 슬지 않게 되는 것입니다. 또 이 크롬 산화물의 피막은 투명하여 금속에 광택이 나게 하는 데도 도움을 준답니다. 한편 철의 표면에 다른 금속을 코팅하여 부식을 지연하는 방법도 많이 쓰여요. 양철(철과 주석), 함석(철과 아연) 등이 대표적 예입니다. 여기서 한 가지 주목할 점은 양철의 경우 철이 주석보다 산화가 잘됩니다. 그래서 양철의 표면이 벗겨지면 안에 있는 철은 더욱 빨리 부식돼요. 그러나 아연으로 코팅된 함석은 표면이 벗겨져도 아연이 철보다 빨리 산화하므로 철은 비교적 오랫동안 산화를 견딜 수 있게 됩니다. 자동차는 도로를 누비며 여러 요인에 노출되는 만큼 차체의 철판이 오랫동안 강성을 유지하면 좋겠죠? 그래서 철판을 아연으로 코팅하여 부식을 막는답니다. 선박이나 유류 보관 탱크처럼 산화에 치명적으로 노출된 철 구조물의 경우에는 더욱 적극적인 방법을 사용합니다. 철보다 산화가 잘되는 마그네슘과 같은 금속을 도선으로 연결하여 산화-환원 반응을 반대로 유도하는 것입니다. 이런 경우 쉽게 산화되는 마그네슘을 정기적으로 점검하고 교환해주어야 해요.

🔍 #녹슨_금속 #원하지_않는_산화 #전자를_잃어버린-금속 #강성 #마그네슘 #스테인리스강

043

알루미늄
우리 일상에 늘 함께하는 금속

'간편함'을 만능으로 여기는 시대입니다. 우리 주변에서 가장 쉽게 볼 수 있는 금속 중 하나가 바로 알루미늄일 거예요. 알루미늄은 음료 캔에서부터 창틀용 재료 그리고 음식물의 포장에 이용되는 알루미늄 포일에 이르기까지 그 이용도가 정말 다양하지요. 그런데 이렇게 흔한 알루미늄이 조금만 옛날로 거슬러 올라가도 아주 구하기 어려운 귀한 금속이었다는 것을 알고 있나요?

알루미늄은 지각을 이루는 원소 중에서 산소와 규소에 이어세 번째로 풍부한 원소예요. 전체 지각 질량의 약 8.2%를 차지한다고 알려져 있죠. 금속 원소 중에는 단연 첫 번째로 풍부한 물질이기도 해요. 지각에서 발견되는 알루미늄은 대개 보크사이트 bauxite라고 불리는 알루미늄 산화물, 철 산화물, 실리카 등이 혼합된 형태로 존재해요. 사실 사람들에게 친숙한 금속인 금, 은, 구리, 납, 철 등은 오랜 옛날부터 자연에서 원소 상태로 발견되었고 그것을 생활에 이용할 수 있었지만, 알루미늄은 그렇지 못했어요. 알루미늄 금속은 비교적 최근에야 우리에게 알려졌거든요. 1754년 독일 화학자 마르크그라프Marggraf는 백반(명반) 속에 금속산화물이 존재한다는 사실을 알아냈고, 1809년 영국의 데이비Davy가 이것을

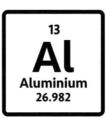

처음으로 분리해내는 데 성공했어요. 알루미늄aluminum은 라틴어의 백반을 뜻하는 'almen'에서 유래된 말이에요. 그 후 수은에 녹아 있는 염화알루미늄을 환원하여 순수한 알루미늄을 얻는 방법이 발명됐지만, 이 방법으로 얻을 수 있는 알루미늄 양은 매우 적었어요. 그래서 19세기 중반까지만 해도 알루미늄은 가장 비싼 귀금속으로 분류되었고 아주 특별한 계층의 사람들만 소유할 수 있었답니다.

알루미늄의 은은하고 고급스러운 광채는 프랑스의 나폴레옹 황제를 매료시켰다고 하죠. 그는 특별한 손님을 접대할 때만 알루미늄으로 만든 식기를 썼다고 해요. 그런데 1886년 미국에서 홀Charles Hall과 에루Paul Heroult라는 두 청년이 각자 독자적으로 전기분해를 이용해 알루미늄을 대량으로 생산하는 방법을 발견했어요. 이 소식이 전해지자, 알루미늄의 가치는 하루아침에 폭락했습니다. 지금도 대부분의 알루미늄은 이 두 청년의 이름을 딴 홀-에루 공정Hall-Heroult Process으로 생산되고 있으며 그 양은 전 세계적으로 약 1.5×10^7톤에 이릅니다.

알루미늄은 열, 전기전도성이 크며 매우 가벼워 다양한 곳에 활용됩니다. 특히 내부식성이 강하면서도 인체에 해가 없다는 점 덕분에 식품공업 및 식기류의 제조에 꼭 필요한 재료로 이용되고 있죠. 알루미늄은 항공, 선박, 우주 산업에서도 필수 재료로 사용됩니다. 물론 알루미늄은 강철에 비해 강도가 현저하게 떨어진다는 단점이 있습니다. 하지만 이런 단점은 합금 기술을 이용해 보완할 수 있게 되었어요. 두랄루민(구리, 마그네슘, 알루미늄 합금) 같은 특수 합금이 개발되어 여러 분야에 사용되고 있지요.

최근 우주 항공 분야에서는 알루미늄 합금보다 주로 티타늄 합금titanium alloy이 사용됩니다. 알루미늄 합금으로 만든 비행기가 초음속으로 비행할 경우 동체 표면의 온도가 수백 도로 상승하여 강도가 떨어지는 치명적인 결점이 발견되었기 때문이에요. 하지만

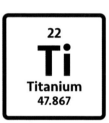

알루미늄은 앞으로도 우리 주변에서 아주 오랫동안 사용될 듯합니다. 우리가 알루미늄 캔을 재활용하는 데 많은 공을 들이는 것은, 이 금속이 희귀해서가 아니라 알루미늄을 얻고 알루미늄 제품을 생산하려면 에너지 소모가 큰 전기분해 공정을 거쳐야 하기 때문이라는 점도 알아야 해요.

Q   #음료_캔 #알루미늄_포일 #백반 #홀-에루_공정 #알루미늄_대량_생산 #티타늄_합금 #재활용

물의 기원
물은 언제 어디에서 왔을까?

물은 누구에게나 가장 필요하고 또 친숙한 물질이지요. 물은 지표면의 70% 이상을 덮고 있으며 대기와 순환과정을 통해 지구 환경을 안정되게 유지하는 역할을 한답니다. 한편 지구상 대부분의 동식물은 대사 과정에서 물을 필요로 해요. 그래서 사람들은 물을 '생명의 근원'이라고 말합니다. 물은 화학적으로 매우 안정한 물질 중 하나예요. 쉽게 분해되지도 않지만, 분해된다고 해도 특별히 해로운 물질로 변하지 않는답니다. 볼타전지가 발명된 후 과학자들은 물에 전기를 가하면 수소와 산소로 분해된다는 것을 알아냈어요. 물을 전기분해 하여 얻은 수소와 산소는 현재도 산업과 의료 등 각 분야에서 활용되고 있답니다.

이처럼 흔하고 귀중한 물질인 물이 언제 어디에서 온 것인지는 아직 명확하게 밝혀내지 못했어요. 물의 기원을 알아내려는 과학자들은 물을 이루고 있는 수소 원자의 동위원소 비율에 주목합니다. 수소의 동위원소는 수소(H, 양성자 1개로 된 핵), 중수소(D, 양성자 1개와 중성자 1개로 된 핵) 그리고 삼중수소(T, 양성자 1개와 중성자 2개로 된 핵)가 있답니다. 지구상의 물은 그 양이 일정하게 유지되지 않고 분자운동으로 인해 조금씩 대기권 밖으로 유출되고 있어요(22번 꼭지 첫 번째 문단, 기체의 분자 운동 속도 설명 참조). 특히 상대적으로 가벼운 수소H가 결합한 물이 더 많이 없어진답니다. 그러다 보니 지구에서 발견되는 물에는 목성이나 토성과 같은 이웃한 태양계 행성에서 발견되는 물보다 중수소D 비율이 높답니다. 그래서 과학자들은 물에서 수소와 중수소의 비율D/H을 조사하면 그 물이 어디서 유래한 것인지 밝힐 수 있다고 가정합니다. 특히 태양계 밖 행성이나 위성 등 다양한 천체에서 발견되는 물에도 큰 흥미를 두고 있지요.

과학자들은 믿습니다. 지구의 물은 지구 밖, 그러니까 다른 천체에서 지구로 유입되었다고 말이지요. 특히 태양계 거의 끝부분에 있는 카이퍼 벨트Kuiper belt 혹은 오르트 구름Oort cloud에서 태양을 향해 돌진하는 얼음과 눈으로 이루어진 천체인 혜성이 그 근원일 것이라고 믿어왔답니다. 특히 태양 빛이 희미한 위치에 존재하는 혜성의 물은 태양계 형성 초기의 물 조성과 가장 가까울 것이라고 추측할 수 있어요. 2004년 유럽연합에서 발사한 로제타 탐사선이 11년간의 기나긴 여행 끝에 2014년 추르모프-겔라시멘코67P라는 작은 혜성의 표면에 착륙했답니다. 고도의 정밀한 계산과 조심스러운 조종에도 불구하고 착륙이 어려웠고 몇 번이나 튕긴 끝에 가까스로 한 모퉁이에 착륙하는 데 성공했어요. 하지만 태양광이 닿지 않는 곳이어서 빛을 받아 동력을 회복하기까지 또 몇 개월을 기다린 끝에 마침내 과학자들이 원하던 데이터를 받아볼 수 있었습니다. 하지만 그 결과는 과학자들의 예상과는 달랐어요. 혜성에서 측정된 D/H 비율은 지구상의 물보다 높았습니다. 또 다른 태양계 행성들에서 발견되는 수치보다도 훨씬 높았고요. 이 때문에 과학자들이 오랫동안 믿어왔던 물의 혜성 기원설은 흔들리게 되었답니다. 그 대안으로 최근에 과학자들은 소행성을 물의 기원으로 주목하고 있어요. 하지만 아직은 근거 자료가 부족한 실정이고요. 한 가지 확실한 것은 같은 물이지만 천체에서 발견되는 물은 그 족보가 매우 다양하다는 점입니다. 물론 우리의 과학 수준은 그것을 추적하고 해석하는 데 부족함이 없지만요.

Q #생명의_근원 #안정한_물질 #수소 #산소 #동위원소 #카이퍼_벨트 #오르트_구름 #우주와_물

수질오염

편리함이 커지면 책임도 커져요

물은 지구 환경에서 고체-액체-기체로 상이 변화하며 대륙과 해
양 그리고 대기를 이동하며 순환해요. 이처럼 상이 고정되지 않
은 물은 기후변화나 계절의 변화에 따라 변하며 열을 흡수, 방출
하고 각종 생물이 급격한 기후변화를 견딜 수 있도록 완충작용을
해주는 고마운 존재지요. 그런데 이 물이 토양과 하천을 거쳐 해
양으로 이동하면서 각종 오염원을 만납니다. 특히 인류의 산업화
이후 오염원 종류가 다양해지고 그 양도 급격하게 증가했어요.
요즘은 수질오염, 해양오염 같은 말은 더 이상 전문가들만의 용
어가 아닌 상황이지요. 물론 물은 순환과정을 거치면서 자연적으
로 정화되어 어느 정도는 깨끗하게 유지됩니다. 물이 토양을 통
과하면서 자연적인 여과 과정을 거치기 때문인데요. 이때 흙이나
물에 서식하고 있는 각종 박테리아나 미생물들에 의해 발생하는
산화작용으로 일부 오염된 성분이 분해되는 덕분입니다. 또 하천
과 대양을 넘나들며 자연스럽게 이루어지는 희석 현상은 물의 자

연정화 과정에서 가장 중요한 부분이기도 합니다. 그러나 이러한 자연정화는 인간이 만들어내는 어마어마한 폐기물과 오염원 앞에서는 속수무책입니다.

사람들은 산업폐기물을 무단 방류해서 생긴 수질오염을 가장 걱정합니다. 그런데 사실 산업폐기물은 우리가 알고 있는 것 이상으로 매우 광범위해요. 특히 물에 용해되는 물질들은 오염을 인지하기 어려워 큰 위험을 초래하곤 합니다. 또 하천으로 스며드는 각종 중금속과 유기용매 등은 사회적으로도 큰 문제가 되는 오염물질이지요. 한때 산업화의 과정에서 무분별하게 사용되었던 수은은 아직도 해양 먹이사슬 최상단에 축적되어 해산물을 즐기는 사람들의 건강을 위협하고 있답니다. 또 납Pb과 카드뮴Cd 같은 중금속도 물에 대한 신뢰를 깨는 요인이고요. 농업에서 사용하는 각종 농약과 골프장 등에서 무분별하게 사용하고 있는 제초제도 큰 골칫거리예요. 인근 지하수와 하천을 오염시킬 수 있으니까요. 최근 환경오염에 대한 인식이 높아지면서 산업폐기물 관리와 감독이 매우 까다로워진 것은 그나마 다행스러운 일이에요.

사람들은 별로 진지하게 생각하지 않지만, 가정에서 배출되는 쓰레기나 생활용수도 수질오염을 심각하게 만드는 중요한 요인이에요. 특히 급격한 도시화로 생활용수 사용이 급증해 하수 관리에 어려움이 커졌어요. 생활폐기물의 처리에도 부담을 주어 대기와 토양이 오염되면서 수질 악화를 가속화하고 있답니다. 제대로 처리되지 못하고 방류되는 도시의 생활하수와 쓰레기들이 강과 하천으로 그대로 유입되어 심각한 환경문제가 되고 있습니다. 한편 함부로 버려지는 플라스틱 포장 용기는 반복된 물의 순환과정에서 완전히 분해되지 못하고 미세 플라스틱이 되어 해양 생태계를 위협하는 주범이 되고 있습니다.

우리가 매일 마시는 물이 오염되었다면 그것은 정말 무서운 일입니다. 민감할 수밖에 없어요. 그러나 우리는 공포에 앞서 오염에 대한 책임 의식을 가져야만 해요. 인간의 모든 활동은 어떠한 경로를 거치든 결국 물을 오염시킨다는 점을 항상 생각해야 합니다. 때로는 환경을 위한다는 친환경 제품조차도 예상치 못한 다른 오염원을 낳을 수 있어요. 최근 탈탄소 붐으로 인해 급격하게 늘어나고 있는 전기자동차는 배터리 원료를 채굴하고 생산하는 과정에서 의도치 않게 환경오염, 특히 수질오염을 유발할 수 있습니다. 또 사용된 배터리를 제대로 처리하지 않고 폐기한다면 내용물이 토양과 하천으로 침투하여 우리의 건강을 위협하게 될 거예요. 인간이 추구하는 모든 편리함에는 반드시 환경 보호라는 책임이 따를 수밖에 없답니다.

#물의_순환 #상_변화 #지구의_피와_같은_존재 #완충작용 #오염원 #환경문제 #미세_플라스틱

물의 오염도
오염된 물과 우리의 삶

"와, 계곡물이 정말 깨끗하다!"

강과 개울, 바다……. 우리는 일상에서 물을 대할 때 "맑다" "깨끗하다" 혹은 "탁하다" "더럽다"라고 합니다. 그런데 우리가 말하는 깨끗하고 더럽다는 것의 기준은 무엇일까요? 아마도 눈으로 봐서 물이 맑고 그 안이 훤히 들여다보여 물고기 같은 생물이 살고 있으면 "깨끗하다"라고 하고, 보기에 탁하거나 역한 냄새가 나서 생물이 살 수 없는 것 같은 느낌이 들면 "더럽다"라는 표현을 쓸 거예요. 물론 이렇게 눈으로 본 것으로 그 물의 정확한 오염 정도를 판단할 수는 없겠지요. 정수되지 않은 물에는 여러 가지 다른 성분들이 섞여 있어요. 어떤 것은 녹아 있어서 물과 구별이 안 되기도 하고 또 어떤 것은 제대로 녹지 않아 물을 혼탁하게 만들기도 하지요. 따라서 물의 오염도를 정확히 알기 위해서는 다양한 항목을 구별해서 검사해야 합니다. 성가시고 까다로운 일이지요.

물이 얼마나 깨끗한지 알아보는 척도 중에는 BODBiological Oxygen Demand,생물학적 산소 요구량라는 게 있어요. 물에 섞여 있는 각종 유기물질(음식물 찌꺼기, 동식물의 사체, 분뇨 등)은 박테리아 같은 미생물들을 분해하는 과정에서 미생물들이 산소를 소비하게 합니다. 미생물이 물속 유기물을 분해하는 과정은 유기물의 연소 과정과 비슷해요.

유기물 + 산소 ⟶ 물 + 이산화탄소

우리는 이 식에서 더 많은 유기물을 분해하려면 더 많은 산소가 필요하다는 것을 알 수 있어요. 이때 필요한 산소의 양을 BOD라고 부른답니다. 어떤 물의 BOD가 높다는 말은 유기물이 많다는 말과 같은 것이니 더러운 물이란 뜻이지요. 아주 심하게 오염된 물은 유기물 농도가 아주 높아서 더 많은 산소가 필요할 거예요. 어떤 경우에는 물에 녹아 있는 모든 산소가 유기물을 분해하는 데에 사용되는 바람에 산소가 부족해져서 생물들이 더는 생존할 수 없없게 되기도 합니다. 한편 오염된 물을 화학적으로 분해(산화)하여 깨끗하게 만들 수도 있답니다. 이 경우에는 산화제를 투입해야 하는데, 산화제와 반응하는 산소의 양을 가지고 물의

#오염_정도 #생물학적_산소_요구량 #박테리아_분해 #산소가_필요해요 #BOD #COD #유기물

오염 정도를 나타낼 수 있어요. 이를 COD_{Chemical Oxygen Demand},
화학적 산소 요구량이라고 부른답니다. COD 개념도 BOD와 같아
서, 수치가 높을수록 물이 많이 오염되었음을 의미해요.

BOD나 COD는 하천의 오염도를 측정하는 데 많이 사용하
는 단위예요. 우리나라는 삶의 터전 주변에 강과 하천이 많고 도
시의 인구밀집도가 높아서 수질오염에 관심이 크지요. 그래서 이
런 용어를 어디에선가 들어본 적이 있을 거예요. 사람들은 하천
이나 강의 오염을 공장이나 가정에서 배출되는 독성 화학 물질에
의한 것으로 오해하는 경우가 많아요. 특히 장마철이면 하천에
살던 물고기가 떼죽임당했다는 보도를 종종 접하게 됩니다. 사람
들은 이를 보고 인근 산업시설에서 장맛비를 틈타 유독한 화학
물질을 하천에 방류했다고 의심하지요. 물론 그런 경우도 배제할
수는 없겠지만, 대부분 원인은 큰비로 생겨난 급류 때문에 하천
바닥에 쌓여 있던 유기물들이 떠올라 BOD가 급격하게 상승했기
때문입니다. 우리가 일상생활에서 배출하는 생활 쓰레기와 폐수
가 하천의 오염에 큰 영향을 미치고 있다는 사실을 항상 명심해
야 해요.

 BOD나 COD 수치는 흔히 '1L의 물을 처리하는 데 필요한 산소의 양'으로 표시합
니다. 단위는 mg/L를 주로 사용하며 백만분율(ppm, 1mg/L = 1ppm)을 사용
하기도 합니다.

센물과 단물

깊은 산 속 옹달샘 vs 우리 집 수돗물

'샤워기 필터 할인' '정수기 필터 정기 교체 서비스 제공!'

사람들은 수돗물에 만족하지 못하고, '더 깨끗하고 더 좋은 물'을 찾습니다. 마시는 물과 일상생활에서 사용하는 물은 차이가 있겠지만, 적어도 수돗물 혹은 그 이상의 '질 좋은 물'을 원해요. 우리는 일상에서 많은 양의 물을 사용합니다. 인류의 생활 수준이 높아지면서 물 사용량도 가파르게 증가하고 있어요. 왜 사람들은 수돗물에 만족하지 못하는 걸까요? 가끔 욕조나 세면기 구석에 거뭇한 비누 때가 낀 것을 볼 수 있습니다. 또, 물을 끓인 주전자 바닥에 하얀 이물질이 달라붙은 것을 발견하기도 합니다. 깨끗하게 설거지한 식기에 하얀 침전물이 있는 것을 보고 찜찜해하기도 하죠. 우리나라에서는 많은 가정이 정수기를 사용하고 있지만 정수기를 통과한 물을 일상의 생활용수로 사용할 수는 없는 일이에요.

가정에 공급되는 수돗물에는 나라와 지역 특성에 따라 다양한 원소들이 이온 상태로 녹아 있습니다. 보통은 이런 이온들을 미네랄이라고 부르는데요, 대부분 인체에 해롭지 않습니다. 하지만 그 미네랄의 차이에 민감한 사람들도 있답니다. 일반적으로 칼슘Ca^{2+}, 마그네슘Mg^{2+}, 철Fe^{3+}, 망간Mn^{2+}이 섞인 물을 우리는 센물hard water이라고 부릅니다. 반대로 미네랄이 매우 적거나 없으면 단물soft water이라고 부르지요. 센물은 그 지역의 암반이나 토양의 성분과 구조에 기인하는데 흔히 유럽이나 중국 등의 물이 센물이에요. 약산성을 띤 물이 석회암이나 백운암 같은 성분의 지질 구조와 만나면 센물이 된답니다. 화강암 지층이 많고 수돗물이 잘 보급된 우리나라는 다행히도 아주 강한 센물이 별로 없어요. 그래서 강한 센물을 별로 경험하지 못하다가 외국에 여행가면 초반에 물갈이하는 사람이 생기곤 해요.

센물은 비누가 잘 풀어지지 않아서 거품이 많이 일지 않습니다. 비누의 지방산이 금속 이온과 결합하여 물에 녹지 않는 침전물을 만들기 때문에 비누 때를 만들기도 쉬워요. 반면 단물은 비누 거품이 잘 나서 세수나 목욕을 하면 매끄럽다는 느낌을 받아요. 산업용수를 많이 사용하는 공장들은 센물로 인해 기계 부품이 손상되는 피해를 보기도 합니다. 특히 금속 침전물로 인해 배관, 보일러, 엔진 등에 고장이 발생하고 기계 수명이 단축되곤 하죠. 이러한 일은 가정에서도 자주 일어납니다. 가정용 보일러나 난방기구, 스팀다리미 또는 커피추출기 내부에 딱딱한 침전물이 생겨 관이나 구멍을 막기도 하거든요. 기기 청소와 관리를 잘해야겠지만, 때로는 침전물을 산으로 녹여 제거해주지 않으면 사용할 수 없게 된답니다.

매끄러운 단물을 선호하는 사람들은 센물을 단물로 바꾸는 장치를 사용해요. 일부 가정용 정수기에는 단물로 바꾸는 기능을 장착한 특수 필터가 설치되어 있어요. 이런 필터 대부분은 이온교환수지라는 것으로 만들어져 있고, 강하게 하전된 금속 이온 Ca^{2+}, Mg^{2+}, Fe^{3+}, Mn^{2+}과 같은 2가, 3가 이온들을 상대적으로 약하게 하전된 Na^+(1가 이온)으로 교환해요. 나트륨 이온이 많이 함유된 이런 단물은 비누 거품을 내면 매끄러워 마치 온천수 같은 느낌을 줍니다. 어떤 사람들은 필터로 만든 단물에는 나트륨 이온이 많아서 음용하기에는 건강에 해롭다고 주장해요.

센물이나 단물이냐에 관계없이 적절한 정수처리를 거친 검증된 수돗물이라면 건강에 특별히 해롭지 않습니다. 실제로 적당량의 미네랄은 물맛을 좋게 만들어주죠. 물론 많은 양의 미네랄이 섞인 검증되지 않은 물은 불쾌한 맛과 냄새를 내는 경우도 있고 건강에 해로울 수 있으니, '약수'라는 말만 듣고 무조건 마시지 않도록 조심하는 게 좋아요.

🔍 #원소들이_녹아_있는_수돗물 #미네랄 #지방산 #침전물 #깨끗해_보여도_깨끗한_게_아니야

정수

우리가 마실 물은 충분한가?

인공위성에서 보내온 지구의 모습을 보면 지구 표면 상당 부분 (약 72%)이 물로 덮여 있어요. 태양계에서 지구만큼 물이 많이 있는 행성은 드물지만, 목성이나 토성의 일부 위성들은 지구보다 많은 물을 가지고 있답니다. 최근 연구에 의하면 대기가 전혀 없다고 알려진 달에도 그 내부에는 물이 상당량 있는 것으로 추정된다고 합니다. 물은 생명 현상의 기본이 되는 물질이죠. 그래서 과학자들은 황량한 우주에서 물의 흔적을 찾아 헤맵니다. 물이 없는 삶을 상상할 수 있나요? 인류문명은 물을 통해 풍부하게 발원되었고 고유의 문화도 싹텄지요. 앞에서도 거론했지만, 지구에 있는 물은 다양한 이유로 여러 가지 성분이 섞여 있어요. 특히 지표 대부분을 덮고 있는 바닷물은 많은 양의 각종 염분을 함유하고 있지요. 바닷물은 많은 생물이 살고 있는 생명의 터전이지만 정작 우리 인간은 바닷물을 먹지 못해요. 바다에 표류하는 선원이 그 많은 물을 곁에 두고도 갈증으로 고통을 받는 모습은 영화나 드라마에서 단골처럼 등장하는 모습이에요. 그러고 보니 바닷물을 빼면 우리가 마실 물이 과연 충분한지 걱정되는군요.

바닷물 1kg에는 약 35g의 각종 염이 녹아 있는데, 이 중에서 약 85% 이상이 염화나트륨$_{NaCl}$이에요. 이런 고농도의 염수는 식수는 물론 농업, 공업용수로도 쓸 수가 없답니다. 바닷물을 사용하기에 적당한 물로 바꾸려면 총 염분의 농도를 5g 이하로 줄여야만 한답니다. 하지만 바닷물에 섞인 염분을 제거하는 일은 그리 만만치가 않아요. 사람들이 전통적으로 사용한 방법은 가열-증류법입니다. 바닷물을 가열하여 수증기를 만들고 이것을 다시 냉각시켜 염분이 제거된 담수로 바꾸는 것이지요. 이 방법은 특히 강한 태양열을 가진 지역에서는 상당히 유용한 방법이에요. 또 복잡한 설비나 장치도 필요치 않고요.

역삼투$_{reverse osmosis}$ 원리를 이용한 방법도 최근 많이 이용되고 있어요. 삼투압$_{osmotic pressure}$은 우리가 김치를 담글 때 배추를 절이는 과정에서 흔히 접하는 현상이지요. 쉽게 말하면, 야채에 소금을 뿌렸을 때 속에 있는 물이 밖으로 빠져나오는 현상이에요. 물은 염분 농도가 낮은 쪽에서 높은 쪽으로 이동하는데 이때 발생하는 압력을 삼투압이라고 한답니다. 역삼투는 이와 정반대되는 현상이에요. 즉 삼투압과는 반대로 염분의 농도가 높은 쪽에서 낮은 쪽으로 반투막$_{semipermeable membrane}$을 거쳐 물이 이동하도록 외부에서 압력을 가해주는 것이죠. 최근에는 가정에서 사용하는 정수기에도 이런 역삼투 방법을 이용하기도 해요. 가정용 역삼투 정수기는 수돗물의 압력을 이용해 외부 압력을 만들어요. 따라서 정수기를 가동하기 위해 수돗물을 낭비하는 문제가 생깁니다만, 역삼투 방법은 깨끗한 물을 얻을 수 있는 효율적인 방법 중 하나예요. 다만 역삼투 현상의 핵심이 되는 반투막의 필터를 잘 관리해야 한다는 점을 잊으면 안 되겠지요?

우리나라는 풍부한 담수 자원을 가진 나라로 세계에서 손꼽힙니다. 하지만 수돗물을 불신하는 마음이 커서 상당수 가정에서는 정수기를 사용하거나 생수를 구입하여 마시지요. 지구상의 상당수 나라가 물 부족에 시달리며 안정된 식수의 보급마저 위협받고 있는 상황에서 우리가 무심코 흘려버리는 물, 하천이나 해양으로 무단 방류하는 각종 쓰레기 그리고 수많은 생활 플라스틱과 각종 화학제품이 우리의 지구를 오염시킵니다. 이에 따라 한 모금의 물마저도 안심하고 마실 수 없게 만들고 있어요. 이러한 식수의 불균형을 그대로 방치하면 머지않아 우리가 당연한 듯 누리는 평온한 삶의 균형이 깨질 수도 있어요.

#생명_현상의_기본_물질 #물의_흔적을_찾아서 #물이_없는_삶 #역삼투 #삼투압 #반투막

물과 기름
섞이는 것과 섞이지 않는 것

우리는 아무리 노력해도 서로 이해하기 힘들고 잘 어울리지 않는 사람들을 일컬어 "마치 물과 기름 같다."라는 표현을 씁니다. 그만큼 물과 기름은 섞이지 않는다는 뜻인데요. 도대체 물과 기름은 같은 액체임에도 왜 섞이지 않는 것일까요? 그 이유를 이해하기 위해서는 물과 기름을 만드는 분자의 구조와 특징을 알아야 해요. 물 분자는 1개의 산소 원자와 2개의 수소 원자가 결합해 만들어집니다. 여기서 산소는 수소에 비해 전자를 잡아당기는 성질이 강해서 전자들은 산소 쪽으로 많이 치우쳐 있어요. 이는 산소 주변에는 생각보다 전자가 더 많다는 뜻이지요. 전자는 음전기를 띠고 있으므로 음전기가 한쪽으로 몰려 있다는 말은 극성을 띠고 있다는 말과 같아요. 즉 전자가 몰려 있는 쪽과 그렇지 못한 쪽이 서로 반대의 극성을 갖게 되는 거예요. 우리는 이런 분자를 극성 분자라고 불러요. 물 분자는 대표적인 극성 분자예요. 한편 기름은 주로 탄소와 수소로 이루어진 물질입니다. 탄소와 수소는 전자를 잡아당기는 성질이 비슷해서 전자들이 어느 한쪽으로 치우쳐 있지 않고 비교적 골고루 분포합니다. 전자들이 분자 전체에 균일하게 퍼져 있으니, 극성도 띠지 않는답니다. 우리는 이런 분자를 비극성 분자라고 합니다. 기름은 보통 비극성이에요.

우리는 매일 물을 마시고 다양하게 물을 활용합니다. 그러면서 물에 여러 가지 물질을 섞어 쓰곤 해요. 물에 섞이거나 녹는 물질은 극성을 띤 분자로 된 물질들이에요. 물과 알코올이 잘 섞이는 이유는 알코올이 물과 같은 극성 분자이기 때문이죠. 식초가 물이 잘 섞이는 이유도 마찬가지고요. 즉 극성 분자로 된 물질은 극성 물질과 잘 섞입니다. 한편 비극성 물질인 기름은 물과 섞이지 않아요. 액체 상태의 물질들은 극성/비극성에 따라 끼리끼리 섞이는 성질이 있답니다. 따라서 옷에 묻은 기름은 물로 지우는 것보다는 다른 깨끗한 기름을 이용하여 지우는 것이 좋습니다.

물과 기름이 절대로 섞이지 않는다고 하지만 섞인 것처럼 보이는 경우도 있어요. 바로 우유가 그렇습니다. 우유에는 물과 기름 그리고 단백질 같은 다른 물질들도 일부 섞여 있어요. 우유를 눈으로 보면 구분이 되나요? 그저 하얗게 잘 섞인 것처럼 보이는 액체이지요. 이런 경우를 에멀션emulsion, 유화 상태라고 해요. 기름이 작은 방울이 되어 물속에 고루 분포해서 마치 섞인 것처럼 안정된 상태를 유지하는 것이죠. 에멀션 상태에 있는 액체는 비교적 어렵지 않게 각각의 성분들로 분리할 수 있어요. 덕분에 집에서도 손쉽게 유제품의 유청을 걸러 치즈를 얻어낼 수 있습니다. 요즘은 에멀션이란 용어를 요리할 때도 사용하는 것 같네요. 오일과 물을 섞어 만드는 파스타 소스가 대표적인데요. 파스타 소스는 오일과 물이 분리되지 않는 에멀션 상태를 유지하여 먹는 내내 소스의 풍미를 느낄 수 있습니다. 이 외에도 서양요리에 사용되는 각종 소스가 에멀션 상태로 만들어져 있어요.

#같은_매체여도_섞이지_않아 #극성_분자 #비극성_분자 #에멀션 #유화_상태_우유 #요리

계면활성제

비누는 어떻게 기름을 녹일까?

기름은 일상생활에서 흔하게 사용되죠. 음식물에도 섞여 있고 공작용 기계나 다양한 생활용품에도 활용됩니다. 우리는 기름을 다룰 때 대부분 조심하지만, 간혹 실수하거나 또 어쩔 수 없이 손이나 의복에 묻힐 때가 있어요. 특히 몸이나 의복에 묻은 기름은 골칫거리가 될 수 있어서 가능한 한 빨리 제거해야 합니다. 기름이나 기름때를 제거하기 위해 우리는 비누를 사용해요. 비누는 물에 잘 녹지만 동시에 기름도 잘 녹여서 피부나 의복에 묻은 기름 성분을 효과적으로 없애줍니다. 물에 잘 녹는 비누가 기름도 녹이는 작용을 하는 것을 보면 '끼리끼리 녹는다'라는 말이 무색합니다. 왜 그럴까요?

우리가 동물이나 식물에서 얻어낸 지방이라고 부르는 것은 지방산이라는 물질의 결합체예요. 분자가 복잡하고 크며 비극성이라 물에 거의 녹지 않아요. 그런데 이 지방을 수산화나트륨과 반응시키면 지방산이 분해되면서 지방산염이 만들어진답니다.

기다란 모양을 한 지방산염은 분자 내에 극성 부분과 비극성 부분을 둘 다 가지고 있어요. 한 개의 분자가 이런 두 얼굴을 갖게 된 이유는 지방산 분자의 길이가 길기 때문이에요. 분자의 양쪽 끝이 상반된 성질을 가진 상태로 멀리 떨어져 있는 거죠. 비누(지방산염)가 물에 녹으면 물을 좋아하는 극성 부분은 물 쪽을 향하게 되고 물을 싫어하는 비극성인 부분은 물의 반대 방향으로 자기들끼리 뭉쳐서 하나의 동공Micelle, 미셀을 만들게 된답니다. 이 상태에서 물을 싫어하는 성분이, 가령 기름때 같은 것이 들어오면 이 동공 속으로 들어가 갑니다. 이것이 바로 물에 녹은 비누가 기름때를 제거하는 원리예요.

같은 원리로 세제, 샴푸, 세척제와 같은 다양한 물질이 일상생활에서 많이 사용되고 있는데, 이런 것들을 흔히 계면활성제라고 부릅니다. 계면활성제는 기름-물과 같이 분리된 표면을 활성화하여 자연스럽게 섞이도록 도와주는 역할을 해요. 가끔 집에서 사용하고 남은 폐유나 오래된 기름을 이용하여 비누를 만들어 사용합니다. 그러나 권장할 수는 없답니다. 왜냐하면 비누를 만들기 위해 넣어주어야 하는 수산화나트륨NaOH의 양을 정확히 계산하는 것이 의외로 쉽지 않기 때문이에요. 가정에서 계산 없이 대충 만든 비누에는 수산화나트륨이 생각보다 많이 잔류할 수 있으며 이것들은 피부나 옷감을 상하게 한답니다.

비누의 역사는 놀라울 정도로 매우 오래되었어요. 메소포타

미셀

기름때

친수성 부분이
기름때를 잡아당김

소수성 부분이
기름때를 포획함

물

표면

미아 지방에 살던 수메르인들이 동물의 기름과 나무가 타고 남은 재를 이용하여 세탁에 이용하는 물질을 만들었다는 기록이 전해집니다. 그러다 18세기 프랑스 화학자 르블랑이 비누 제조 방법을 알아내면서 현재와 같은 형태의 비누가 저렴한 가격에 대중화되었어요. 우리나라에 서양식 비누가 처음 들어온 것은 조선말 개화기 이후랍니다. 흰옷을 즐겨 입던 우리나라 사람들은 옷을 깨끗하게 빠느라 고생을 많이 했습니다. 비누가 없던 시절, 여인들은 나무를 태워 얻은 재에 물을 내려 얻는 알칼리성 잿물에 세탁물을 넣고 삶아 냇가에서 온종일 두드리고 비비느라 녹초가 되곤 했는데요. 이런 풍경은 풍속화로도 전해집니다. 기름을 화학적으로 변화시켜 만든 비누 덕분에 기름때 제거가 한결 쉬워졌고 일상의 수고가 덜어졌어요.

Q #기름 #지방산_결합체 #비누의_원리 #기름-물_분리된_표면을_활성화 #비누_대중화 #잿물

화석연료
과거의 생물들이
인류에게 남겨준 선물

인류 문명의 진보는 에너지 사용량 증가와 직접적으로 연관됩니다. 선사시대 이후 오랫동안 인간은 주로 나무 땔감을 에너지원으로 이용했답니다. 대개는 추위를 이기는 난방 용도였고 또 일부는 음식을 만들거나 재료를 가공하는 데 필요한 열이었지요. 18세기 중반에 이르러 인류의 에너지 사용량은 급격하게 증가해요. 산업혁명이 시작되었기 때문입니다. 산업혁명은 인류의 주 에너지원이 화석연료로 바뀌는 사건입니다. 화석연료는 석유, 석탄, 천연가스 등을 총칭하는 용어예요. 오래전 지구에 살던 동식물들의 사체가 땅에 묻힌 채 긴 세월을 거치면서 높은 압력과 온도로 탄화되어 탄화수소 화합물(탄소와 수소로 이루어진 유기 화합물의 일종)이 생성되었습니다. 탄화수소 화합물이 산소와 반응하면 이산화탄소와 물을 생성하는 연소반응을 하죠. 연소반응 과정에서 열이 발생하는데 우리는 이 열을 에너지로 이용합니다.

산업혁명 시기 영국 또는 다른 유럽 국가의 이야기를 소재로 다룬 소설과 영화를 보면 얼굴에 까만 그을음이 묻은 검은색 작업복의 남자들(일부는 어린 소년들)이 종종 등장합니다. 당시 노동자들이 일하던 공장은 주로 질이 나쁜 석탄을 연료로 사용했기에 작업하는 동안 얼굴과 옷에 그을음이 묻게 된 것입니다. 석탄은 목재에 비해 에너지 효율이 매우 높았지만, 매연이 많았죠. 수많은 공장 굴뚝에서 배출되는 검은색 매연은 그 양이 엄청나서 도시의 하늘 색깔을 어둡게 바꾸어놓았습니다. 사실 인류는 기원전부터 화석연료를 제한적이나마 에너지원으로 사용해왔어요. 그중에서도 석탄은 산업시설에서 많이 이용되었습니다. 채굴하기가 어렵고 무거워서 일반 가정에서 보편적으로 사용하기엔 문제가 있었지만 공장 같은 곳에서 철광석을 제련하는 특별한 용도로 사용하기엔 안성맞춤이었습니다. 그러다가 증기기관이 발명되고 공장들이 대규모로 가동되면서 석탄의 생산과 보급이 기하급수적으로 증가했답니다. 특히 이 시기에 제국주의가 전 세계로 뻗어나감에 따라 서양 각국은 상품의 생산 극대화를 추구하면서 화석에너지 사용을 크게 부추겼어요. 현재 우리 인류가 사용하는 에너지원의 80% 이상은 화석연료랍니다.

사람들은 보통 화석연료를 단순히 자동차 같은 내연기관의 연료, 난방이나 전기를 생산하는 에너지원 정도로만 생각해요. 그래서 가까운 미래에 친환경 대체 에너지원이 보편화된다면 화석연료를 이용할 일이 거의 없을 거라고 생각하기도 하지요. 그러나 인류에게 화석연료는 '연료'라는 말이 의미하는 단순한 땔감과 같은 에너지원만이 아니며, 우리가 일상에서 사용하는 수많은 물건을 만드는 원료이기도 합니다. 화석연료가 없다면 주택, 의복, 자동차는 물론이고 식품과 의약품에 이르기까지 무엇 하나 값싸고 쉽게 구할 수 없을 거예요. 여러분이 입고 있는 옷도, 매일 이용하는 플라스틱 도구들도 화석연료에서 얻은 원료를 가공해서 만들었어요.

　화석연료는 현시대를 사는 많은 사람이 생각하는 것처럼 단순한 공해의 주범이 아니에요. 사실 화석 연료 자체는 과거의 생물들이 우리 인류에게 남겨준 귀중한 선물이었답니다. 그러나 인간의 탐욕이 화석연료를 너무나도 무분별하게 그리고 아주 단시간에 남용하는 바람에 지구 환경에 부담을 주게 되었을 뿐이에요. 전기차가 활성화되고 공장에서 석탄 대신 친환경 에너지를 사용한다면 화석연료 사용으로 인한 모든 문제가 해결될 것이라는 생각은 순진한 장밋빛 청사진일지도 몰라요. 화석연료만큼 값싸고 누구나 쉽게 이용할 수 있는 대체 에너지원을 개발하지 못한다면 미래에도 화석연료의 남용은 쉽게 줄어들지 않을 거예요. 또 화석연료는 아껴서 미래 세대에게도 남겨주어야 할 귀중한 자원이기도 해요.

Q　#인류_문명_진보 #에너지원 #산업혁명 #영국 #내연기관 #연료 #원료 #소중한_자원으로

052

석유
20세기를 주도한 에너지원

19세기가 석탄을 기반으로 한 '석탄의 시대'였다면, 20세기는 '석유의 시대'였어요. 내연기관 엔진을 기반으로 한 자동차가 급격하게 보급되면서 석유는 인류의 주요 에너지원으로 확고히 자리했습니다. 특히 운송 수단이 고도로 발달하여 자동차와 비행기가 일상화되면서 석유의 생산과 공급 문제는 인류 전체의 공통 관심사가 되었죠. 그 결과 석유는 세계의 경제와 질서까지 쥐락펴락하는 중요 전략 자원이 되었습니다.

20세기 석유 시대를 주도한 나라는 미국이에요. 미국인 헨리 포드는 자동차를 대량 생산하는 시스템을 개발했습니다. 포드 자동차는 오늘날 우리가 타는 자동차의 표준 모델이 되었어요. 20세기는 인류에게 있어 놀라운 기술적 진보를 이룬 세기였지만, 동시에 전쟁의 총성이 끊이지 않던 시기이기도 했어요. 1차 세계 대전을 거치면서 각 나라는 석유 자원의 중요성을 인지하게 되었고, 이후 2차 세계대전 동안에는 석유가 풍부한 지역을 확보하기 위해 사투를 벌였지요. 독일이 러시아를 침략했던 이유는 사실 풍부한 석유 자원을 염두에 둔 포석이었고, 일본이 동남아시아에서 대규모 침략 전쟁을 벌인 것도 석유 확보에 목적이 있었답니다. 하지만 미국을 비롯한 서방 연합군은 석유 최대 매장지인 중동을 지키는 데 성공했고, 연합군이 승리하면서 전쟁은 막을 내렸습니다. 2차 대전 이후 세계는 본격적으로 석유 시대에 접어들었어요. 석유 패권을 차지하기 위한 경쟁은 더욱 치열해졌죠. 풍부한 석유 매장량을 가진 중동 국가들의 전략적 가치가 커짐에 따라 중동은 강대국의 패권 다툼과 국가 간 분쟁의 화약고가 되었어요. 중동에서 영향력이 커진 미국은 막강한 군사력을 바탕으로 세계의 질서를 유지하는 경찰국가로 나서게 되었답니다. 한편 풍부한 원유자원을 가진 중남미 일부 국가들은 미국 주도의 석유 패권에 도전하였으나 실패하였고, 현재는 경제적 어려움으로 신음하는 상황이랍니다.

현재 전 세계에서 생산되는 석유의 양은 하루에 1억 배럴(1배럴=159리터) 정도예요. 일부는 각 국가가 전략적으로 저장하고 있으나 대부분은 소비됩니다. 정말 어마어마한 양이지요. 지난 35년간 인류가 소비한 석유의 양은 약 1조 배럴에 이를 것으로 추산되고요. 이변이 없는 한 석유 사용은 계속 증가할 것으로 예측됩니다. 또 한 가지 문제는 향후 우리가 사용할 수 있는 석유의 총량이 얼마인가 하는 것이지요. 연구자마다 예측치가 다르지만, 경제적 가치가 있는 석유의 매장량은 약 2~3조 배럴일 것으로 추산돼요. 하지만 경제성이 떨어지는 석유까지 고려하면 이보다 서너 배는 많을 것으로 추측됩니다. 석유의 소비 감소와 대체 에너지 개발에 적극적으로 나서지 않는다면, 인류는 최소 다음 세기에 석유 자원의 고갈을 맞이하게 될 확률이 높아요.

석유는 다른 행성이나 천체에서 지구로 날아온 자원이 아니에요. 지구라는 시스템이 오랜 시간에 걸쳐 스스로 만들어낸 것이지요. 석유 에너지의 근원은 사실 태양이에요. 수억 년 전 태양에너지로 광합성해서 번성했던 식물들과 그것을 먹고 자란 동물들의 유해가 오랜 시간 층층이 땅에 묻혀 만들어진 것이 석유입니다. 문제는 사람들이 그 오랜 시간 동안 만들어진 석유를 단지 수백 년 만에 모조리 소비해버렸다는 거예요. 더 심각한 사실은 우리가 모두 그 결말을 잘 알고 있으면서도 대안을 찾는 데 소홀하다는 점이고요. 지금 이 순간에도 어디에선가는 석유 자원의 고갈을 염려하고 환경파괴를 경고하는 목소리가 나오고 있지만, 석유 소비를 줄이려는 노력은 너무 미약해요. 과학을 공부하는 우리는 이 문제를 깊이 생각해야 해요.

#20세기_석유의_시대 #자동차_보급 #전략_자원 #미국 #원유 #고갈 #대체_에너지_개발

원유의 증류

끓는점 차이를 이용해
액체 혼합물을 분리해요

'석유'라고 하면 어떤 이미지가 떠오르나요? 맑고 투명한 기름을 떠올릴 수도 있겠지만, 지하나 해저에서 갓 채굴한 원유crude oil는 점도가 높은 끈끈한 검은색 액체예요. 그대로 사용하기는 어렵습니다. 특히 수억 년 동안 깊은 지하에 있었기 때문에 각종 오염물질이 섞여 있는 경우가 많아요. 따라서 연료 및 각종 석유 화학 제품의 원료로 사용하기 위해서는 정유 과정을 거쳐야 합니다. 원유를 정제하여 원하는 용도로 만드는 과정을 증류distillation라고 해요. 사람들이 원유를 증류해서 사용하게 된 것은 당시 등불을 밝히는 용도로 사용하는 값비싼 고래기름을 대체하기 위해서였어요. 1859년, 미국인 에드윈 드레이크와 그의 동업자들은 최초로 굴착기를 사용해 원유를 채굴했고 이로써 대량 생산의 길을 열었어요. 이 시기에 증류로 얻어낸 등유를 사용하는 램프가 등장했답니다. 19세기 말 각 가정에 등유 램프 사용이 보편화되면서 원유를 증류하여 정제하는 정유 사업도 시작되었죠.

원유는 매우 다양한 물질이 섞여 있는 혼합물mixture이에요. 대부분은 탄화수소hydrocarbon라고 불리는 유기 화합물이지만 보통 다양한 광물이 소량 섞여 있어요. 원유를 증류할 때는 원유에 섞여 있는 다양한 탄화수소가 각기 다른 끓는점을 가졌다는 점을 이용합니다. 액체를 가열하면 기화되어 날아가는데, 만약 끓는점이 다른 두 가지 액체 혼합물을 가열하면 끓는점이 낮은 액체부터 먼저 기화되어 날아가는 거죠. 바로 이 원리를 이용해 원유를 증류합니다. 원유가 담긴 용기를 가열하여 끓는점이 낮은 가벼운 물질부터 순차적으로 분리해내는 거예요. 원유에 있는 여러 가지 탄화수소들의 끓는점은 분자량에 비례해요. 즉 분자량이 가장 작은 항공유나 휘발유가 가장 먼저 기화되고, 등유 같은 상대적으로 무거운 기름은 늦게 기화하겠죠. 이렇게 끓는점의 차이를 이용하여 액체 혼합물을 분리하는 방법을 분별 증류라고 합니다. 분별 증류는 역사에서 오랫동안 이용된 정제 방법이에요. 전통적으로 발효한 술을 가지고 높은 순도의 알코올을 얻을 때도 사용한답니다. 분별 증류 장치는 보통 위로 길쭉한 탑 모양이에요. 맨 아랫부분에 증류하고자 하는 액체 혼합물을 넣고 가열하면 끓는점이 다른 성분들은 기화되면서 먼저 기화된 것이 더 위쪽으로 올라간답니다. 그렇게 되면 먼저 기화된 가벼운 물질은 위쪽에서 빼내고 나중에 기화된 무거운 물질들은 순차적으로 아래쪽에서 빼내면 되는 거죠. 실제로 정유공장을 방문하면 굴뚝 모양의 높

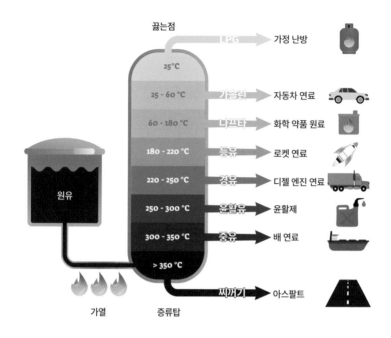

끓는점

LPG → 가정 난방

25°C

25 - 60 °C 가솔린 → 자동차 연료

60 - 180 °C 나프타 → 화학 약품 원료

180 - 220 °C 등유 → 로켓 연료

220 - 250 °C 경유 → 디젤 엔진 연료

250 - 300 °C 윤활유 → 윤활제

300 - 350 °C 중유 → 배 연료

> 350 °C

찌꺼기 → 아스팔트

원유

가열   증류탑

⬆ 원유의 분별 증류

은 탑이 여럿 늘어서 있는 것을 볼 수 있고, 이것을 정유탑이라고
부른답니다. 정유탑의 맨 윗부분에서는 항공기나 자동차의 연료
로 쓸 수 있는 휘발유를 얻어요. 원유를 증류하여 얻는 물질은 휘
발유, 경유, 등유, 벙커C유와 같은 연료 물질도 있지만, 나프타라
고 불리는 것도 있어요. 나프타는 각종 석유 화학 제품을 만드는
데 중요하게 쓰이는 원료랍니다.

　원유를 증류해서 얻은 각종 석유제품도 분자량의 차이가 매
우 다양해서 하나의 분자량을 가진 단일 물질은 아니에요. 예를

들면 자동차의 연료인 휘발유도 탄소를 4~9개 정도 가진 다양한 탄화수소들의 혼합물입니다. 따라서 시중에서 팔리는 휘발유는 정유회사마다 또 정유 시기에 따라 조금씩 달라질 수 있어요. 사람들이 어느 주유소에서 기름을 넣었더니 차가 더 잘나가고 좋다고 말하는 것이 단순한 기분 탓만은 아니랍니다. 원유를 증류하면 휘발유 외에도 각종 연료 물질이 같이 생산된다고 했지요? 자동차나 트럭의 연료로 휘발유만 고집할 수 없는 이유도 바로 여기에 있어요. 자동차가 늘어나서 휘발유의 생산이 많아지면 그만큼 난방용 기름 생산도 늘어날 수밖에 없답니다.

🔍 #지하에서_채굴한_점도_높은_액체 #석유 #증류 #혼합물 #끓는점_이용 #분별_증류 #기화

합성연료
사람들이 탄소중립에
주목하는 이유는 무엇일까?

20세기는 과학이 눈부시게 발전한 시대예요. 그 발전의 원동력은 뭐니 뭐니 해도 석유였지요. 특히 석유를 연료로 이용하는 자동차나 비행기 등 운송 수단이 발전하면서 인간의 활동반경이 엄청나게 확장됐지요. 최근 들어서는 주변에 전기자동차가 빠르게 늘어나고 있어요. 화석연료에 의지하던 운송 수단이 전기에너지로 대체되고 있어요. 사람들은 조만간 거리에서 내연기관 자동차가 사라질 것으로 생각합니다. 이런 추세라면 나라마다 조금의 차이는 있지만 대략 20년 뒤쯤 더는 화석연료를 사용하는 자동차가 생산되지 않을 거라고 예상합니다. 그러나 항공, 선박과 같은 대규모 운송 분야에서는 아직 전기에너지를 사용할 수 없어요. 또 전쟁과 같은 극한 상황이 발생하면 전기를 충전해서 사용하는 운송 수단은 매우 비효율적이지요. 따라서 우리는 여전히 석유를 이용하는 내연기관에서 완전히 독립할 수는 없을 겁니다.

고질적인 화석연료 의존 문제를 해결할 방법의 하나는 탄소

중립적 연료를 사용하는 거예요. 탄소중립이란 탄소 배출량을 늘리지도 감축하지도 않고 현재 상황을 유지하는 것을 의미해요. 공기 중의 이산화탄소를 포집하여 이를 이용해 연료를 합성하는 기술을 뜻합니다. 합성연료를 사용하여 내연기관을 가동한다면 탄소 배출량이 증가하지 않아서 인류는 기후 문제 해결에 더 많은 시간을 벌 수 있을 거예요. 특히 급격한 탄소 감축에 큰 반감을 품은 국가들을 설득할 수도 있지요.

합성연료 제조 기술은 상당히 오래전부터 알려졌어요. 특히 2차 대전 기간에 나치 독일군은 연료 부족 문제로 매우 큰 어려움을 겪었는데, 이 때문에 석탄을 이용해서 만든 일산화탄소CO와 수소H_2를 이용하여 합성연료를 만들어 전쟁에 사용했습니다. 당시 독일은 매장량이 풍부한 석탄을 이용했어요. 합성연료에는 황이나 중금속 등 불순물이 상당히 많이 포함되어 있었기 때문에 이것을 분리하는 공정도 필요했어요. 하지만 만약 공기 중에서 포집한 이산화탄소와 물을 전기분해하여 얻은 수소를 이용해 유사한 합성을 하게 되면 불순물이 없는 아주 깨끗한 연료를 얻을 수 있을 거예요. 최근에는 위와 같은 방법으로 얻은 연료를 이퓨얼e-fuel, electricity-based fuel이라고 부릅니다. 말 그대로 전기를 기반으로 생산한 연료를 의미합니다.

탄소중립을 표방하는 이퓨얼은 여러모로 장점이 있어요. 당장이라도 생산할 수 있는 기술이 확보되었고 현재 사용 중인 대규모 유류 저장시설과 유통구조를 그대로 활용할 수 있기 때문에 인프라 확충을 위한 특별한 투자가 필요하지 않아요. 현재처럼 주유소에서 연료를 공급받을 수 있는 거죠. 또 수소와 이산화탄소 이외에도 질소를 포집하여 더욱 다양한 원료 물질을 합성할 수도 있어요. 그래서 석유의 종말로 산업주도권을 상실할까 걱정하는 석유업계는 이퓨얼에 크게 주목합니다. 하지만 현재로서 이퓨얼은 가격 경쟁력이 없어요. 이산화탄소 포집과 전기분해를 이용한 수소 생산 그리고 화학적 합성 과정을 통한 연료 생산에는 큰 비용이 들기 때문이에요. 저렴한 화석연료와는 경쟁 자체가 불가능한 상태지요. 그러나 탈탄소의 영향으로 갈수록 복잡해지는 국제 정세, 석유 산업 구조 변화에 따른 에너지 확보 문제를 고려하면 포기해서는 안 될 중요한 기술입니다. 이퓨얼이 지금은 낯선 단어로 들리겠지만, 머지않아 친숙하게 들리는 시대가 올 것입니다.

Q #전기에너지 #탄소_중립적_연료_사용 #탄소_배출량_유지 #이산화탄소_포집 #이퓨얼 #탈탄소

대기 오염
인간의 에너지 소비가 낳은 환경파괴

스모그smog라는 말을 들어본 적이 있나요? 연기를 의미하는 'smoke'와 안개를 뜻하는 'fog'의 합성어예요. 19세기 이후 인류가 화석연료를 급격하게 많이 쓰면서 심각한 대기 오염이 발생합니다. 스모그로 가장 악명 높은 사례는 1952년 영국을 공포로 몰아넣었던 런던 일대의 '대 스모그 사건Great Smog of London'입니다. 화석연료가 산소와 반응하여 연소하면 물과 이산화탄소가 생성되지만, 이외에도 다양한 기체가 함께 발생해요. 특히 석탄에 다량 함유된 황과 질소가 산소와 만나 생성되는 황산화물과 질소산화물은 스모그를 일으키는 주범이지요. 1952년 12월, 런던 시민들이 추운 날씨에 난방을 많이 해서 일대의 난방용 석탄 소비량이 급격히 증가했어요. 이때 사용된 저질 석탄에서 엄청난 양의 이산화황SO_2이 배출되었고 한동안 햇빛을 볼 수 없을 정도로 심각한 대기 오염이 이어졌어요. 이 결과 1만 명이 넘는 시민이 호흡기 관련 질환으로 사망했습니다. 이렇게 엄청난 재난이 초래된 이유는 원래부터 안개가 많은 영국의 기후 특성 때문입니다. 심각한 스모그를 단순히 안개로 대수롭지 않게 생각한 거예요. 그러니 대처가 늦어졌지요. 그렇다고 해도 산업혁명 이후 급격히 증가한 영국의 산업 스모그가 재난의 주범임을 부인할 수는 없을 거예요.

다행히 최근에는 석탄 소비가 많이 줄고 있고 자동차 연료로 쓰이는 경유는 황 성분을 제거하는 탈황 공정을 거쳐 생산되어서 이산화황 배출량이 현저히 감소했어요. 그러나 차량 이용으로 인해 발생하는 질소산화물은 여전한 골칫거리예요. 특히 경유를 연료로 사용하는 트럭과 자동차들이 이산화질소NO_2 배출의 주범으로 지목됩니다. 그 이유는 디젤 엔진의 특성 때문이에요. 여러분도 알다시피 공기 중의 80%는 질소랍니다. 자동차 엔진은 연료와 흡입한 공기를 혼합하여 연소반응을 하죠. 대부분의 휘발유 엔진은 엔진에 흡입된 공기 중 산소의 농도를 측정하고 그 양에 맞는 연료를 분사하여 작동하는 방식으로 구동돼요. 그러나 디젤 엔진은 작동 원리가 조금 달라요. 디젤 엔진은 엔진에 흡입된 외부 공기를 압축해 온도를 높여서 연소시키는 방식인데, 이때 반응에 필요한 양보다 더 많은 공기가 흡입될 가능성이 높답니다. 따라서 흡입된 과량의 질소가 산소와 반응하여 이산화질소를 만들게 되므로 휘발유를 사용하는 엔진보다 이산화질소의 배출량이 더 많은 거죠. 공기 중에 배출된 이산화질소는 태양 빛에 의해

공기 중에 있던 산소와 반응하여 산화질소NO, 오존O₃ 같은 2차
공해물질을 만듭니다. 이렇게 생성된 오염물질을 광화학 스모그
라고 불러요.

$$NO_2(g) + 태양빛 \longrightarrow NO(g) + O(g)$$

$$O_2(g) + O(g) \longrightarrow O_3(g)$$

실제로 스모그는 대도시에서 차량이 몰리는 출근 시간대부
터 증가하여 태양 빛이 강한 한낮에 절정에 이르므로 대기 공해
경보는 주로 한낮을 중심으로 발령됩니다. 과학기술이 발전해도
환경이 계속 나빠지는 것은 국가정책이 환경보다는 경제 논리에
좌우되는 경향이 있기 때문입니다. 한때 클린 디젤clean diesel이라
고 불리며 친환경으로 불리던 유럽산 경유 자동차들이 순식간에
환경 오염의 주범으로 몰리게 된 것도 그런 이유에서 발생한 해
프닝이죠. 당시에만 해도 '연료 소모량이 적으면 탄소 배출량도
적고, 그게 곧 친환경 아니냐' 하는 식의 논리였거든요.

인간의 모든 에너지 소비는 필연적으로 환경파괴를 수반한
다는 인식을 가져야 하고, 모두가 에너지 소비를 줄이기 위해 노
력해야 해요.

Q   #스모그 #화석연료 #대_스모그_사건 #이산화황 #런던 #재난 #이산화질소 #연소 #디젤_엔진

온실효과
갈수록 뜨거워지는 지구

우리나라는 온실에서 다양한 작물을 재배합니다. 그래서 한겨울에도 온실 안에서 자란 딸기나 오이, 토마토 등을 쉽게 맛볼 수 있습니다. 온실이란 문자 그대로 따뜻하기 때문에 붙은 이름입니다. 온실 안이 따뜻한 이유는 온실에 쪼인 태양 빛을 유리나 비닐로 가둘 수 있기 때문이에요.

유리를 통과해 들어온 태양 빛이 밖으로 나가지 못하고 실내에 가둬진다니, 조금 아리송하지요? 원리는 이래요. 유리를 통과한 태양 빛은 온실 내부를 따뜻하게 만들고, 온실 내부에 있는 흙이나 기구들의 온도도 상승하지요. 이렇게 태양 빛에 의해 가열된 물체는 이제 복사열이라 불리는 눈에 보이지 않는 빛(적외선)을 방출합니다. 이 적외선은 유리를 통과하지 못하고 차단되어 밖으로 나가지 못하고 온실 내부에 잡혀 있게 돼요. 따라서 시간이 지날수록 온실 내부의 온도는 상승하겠지요. 태양 빛이 내리쬐는 한낮에 자동차 내부 온도가 무서울 정도로 높게 올라가는 것도 같은 이유예요.

　지구를 둘러싼 대기를 구성하는 기체 중에는 온실의 유리와 비슷한 역할을 하는 것이 있어요. 흔히 온실 기체라 불리는 수증기 H_2O, 이산화탄소 CO_2, 메탄 CH_4 등이에요. 이들 온실 기체는 수십억 년 동안 지구의 기온을 따뜻하고 쾌적하게 유지하며 지구 생물들을 가혹한 우주 환경으로부터 보호해주는 역할을 해왔어요. 이들 기체의 농도는 특별한 문제가 없다면 거의 일정하게 유지되지만, 이산화탄소 농도는 그렇지 않았습니다. 연구에 의하면, 대기 중의 이산화탄소 농도는 정확한 이유를 알 수는 없지만 지난 수십만 년 동안 지속해서 변화했음이 밝혀졌어요. 이는 빙하기처럼 지구의 역사에서 여러 차례 반복된 급격한 기온변화와 상관관계가 있다고 추측되고요. 사람들이 주목하는 사실은 지난 몇 세기 동안 지구의 평균온도가 비정상적으로 상승하고 있다는 거예요. 과학자들은 이것이 산업혁명 이후 배출된 엄청난 양의 이산화탄소에 의한 온실효과 때문이라고 생각합니다.

　문제는, 작금에 벌어지고 있는 기온상승이 너무나 빠르고 격하게 진행되고 있다는 거예요. 이 때문에 발생하는 문제를 방치하면 결국 인류가 제어하기 힘든 지구적 재앙이 발생할 거라고 예측합니다. 연구에 의하면 지난 130년간 지구의 평균기온은 0.83도 증가했고 해수면은 약 19cm 상승했답니다. 그러나 현재와 같이 이산화탄소의 배출이 계속된다면 21세기 말에는 지구의 평균기온이 3.7도 증가하고, 해수면은 63cm가 상승할 것으로 예상되며, 이로 인해 전 세계적으로 사람들이 거주하는 육지의 5%가 바닷물에 잠길 것으로 예측됩니다. 이렇게 된다면 수많은 사람이 삶의 터전을 잃는 것은 물론 수많은 동식물의 멸종을 맞이하게 될 거예요. 급격한 기후변화는 농작물의 생산에 영향을 주어 이로 인한 기아와 전쟁 문제가 우리 인류를 괴롭히게 될 겁니다.

늦었지만 세계 각국은 온실 기체의 배출량을 줄이기 위해 머리를 맞대고, 우선 국가별 탄소 배출량을 조절하기로 합의했습니다. 그러나 현재 이런 문제에 적극적으로 나서는 나라는 매우 소수이며 특히 많은 저개발 국가를 비롯한 일부 국가는 경제 우선 논리를 앞세워 적극적인 동참을 회피하고 있어요. 그도 그럴 것이, 경제개발이 시급한 저개발 국가들의 입장에선 지난 수 세기 동안 엄청난 탄소배출을 통해 성장한 선진국들의 주장이 마땅치 않을 거예요. 그러나 탄소배출을 줄이는 것이 지금으로서는 파국을 피할 수 있는 유일한 방법이랍니다.

Q #태양_빛을_가두어요 #복사열 #적외선 #온도_상승 #온실_기체 #수증기 #이산화탄소 #메탄

오존과 오존층

우리를 보호해 주는 오존층, 이제는 우리가 지킬 차례

대기오염 정보를 검색해보면 미세먼지와 함께 '오존' 농도가 나옵니다. 오존 농도에 따라 오존 주의보와 경보가 내려지기도 해요. 공해가 심한 도심에서 발효되는 오존 경보는 사람들을 어리둥절하게 만듭니다. 지구 대기권에 있는 오존층이 해로운 자외선으로부터 우리를 안전하게 보호해주고 있다고 알고 있고, 오존을 발생시키는 원리로 더러운 공기를 정화한다는 기계가 판매되기도 해요. 그러면 대체 오존이란 물질은 해로운 것일까요, 아니면 이로운 것일까요?

오존O_3은 산소 원자 3개가 결합된 분자로, 산소의 동소체 중 하나랍니다. 오존은 상온, 대기압에서 기체 상태로 존재하며 산화력이 강한 물질이에요. 산화력이 강하니 사람들은 종종 살균이 필요하거나 불쾌한 냄새를 제거하는 용도로 오존을 사용해요. 우리가 매일 마시는 수돗물의 병원균을 제거하는 데도 오존을 사용한답니다. 하지만 우리가 호흡하는 공기 중에 오존 농도가 높아지면 그 강한 살균력은 오히려 치명적인 해가 될 수 있어요. 이 때문에 도심에 오존 농도가 높아지면 사람들에게 야외 활동을 자제하라는 오존 경보가 발효되는 것이랍니다.

오존은 산소 기체에 고전압의 전기에너지를 가하여 만들 수 있어요. 이때 가한 에너지는 산소 분자O_2의 결합을 끊어서 산소 원자O를 만들게 되는데, 산소 원자는 매우 반응성이 높아서 즉시 주변의 다른 산소 기체와 결합하여 오존을 생성하게 된답니다.

$$O_2 + 에너지 \longrightarrow 2O$$

$$O + O_2 \longrightarrow O_3$$

지구 상공 성층권에 존재하는 오존층도 같은 원리로 만들어져요. 이때 가해지는 에너지는 태양으로부터 오는 고에너지의 자외선이죠. 하지만 오존은 태양의 자외선을 흡수하면 반대로 분해되어 다시 원래의 산소 기체로 되돌아가는데, 이런 원리로 오존층은 태양의 자외선을 흡수하여 지구상의 생명체를 보호해주는 역할을 합니다.

대기에 산소의 농도가 충분하지 않았던 초기 지구에는 오존층이 없었을 거예요. 따라서 지표면으로 쏟아지는 엄청난 양의 자외선 때문에 생물이 살아남기 힘들었을 테고요. 이후 산소 농도가 점차 증가하면서 오존층이 만들어졌고 이후 수십억 년 동안 오존층은 자외선을 흡수하며 그 평형상태를 잘 유지하면서 지속되었답니다.

20세기 초, 지표면에 도달하는 태양 빛 중에서 자외선이라는 특정한 파장의 빛이 상대적으로 약하다는 사실에 흥미를 느낀 과학자들이 오존층의 존재를 발견했어요. 1950년대 남극을 탐사하던 과학자들이 남극의 오존층에 커다란 구멍이 존재한다는 사실을 발견했고 위성 데이터를 통해 그 구멍의 크기가 점점 커지고 있다는 사실을 알게 되었어요. 오존층의 파괴는 지구 생명체 전체의 절멸을 일으킬 수 있는 무서운 일이었지요. 과학자들은 오존층 파괴의 주범이 에어컨의 냉매로 사용되는 프레온CFC 가스임을 밝혀냈고, 세계 각국은 프레온 가스의 생산과 사용을 규제하기 시작했답니다. 그 결과 최근에는 사람들이 걱정하던 남극 상공의 오존 홀의 크기가 점차 줄어들고 있으며 향후 수십 년 이내에 오존층이 다시 복구될 수 있다는 반가운 소식이 전해졌습니다. 이는 과학지식을 통해 사람들이 적극적으로 노력해서 환경파괴의 재앙을 막은 선례로 기록될 만한 일입니다.

Q #오존_농도 #자외선 #보호 #정화 #강한_산화력 #프레온_가스 #함께_지구를_지켜야_해요

산성비

산성비로 대머리가 되지는 않지만, 지구가 아파요

산성비는 말 그대로 빗물이 산성 용액이라는 의미예요. 산성비라는 용어는 19세기 말 영국 과학자 로버트 스미스가 처음으로 사용했어요. 산업혁명 초기부터 영국의 대기 오염은 이미 심각한 상태여서 과학자들은 그로 인한 각종 환경변화를 세심하게 관찰하고 있었지요. 다른 성분이 전혀 섞이지 않은 순수한 물은 pH가 7인 중성이에요. 그러나 여기에 다른 성분이 섞인다면 pH는 변할 수 있지요. 특히 대기 중의 이산화탄소가 빗물에 녹아 들어가면 자연스럽게 탄산H_2CO_3이 생성되어 산성화될 거예요.

$$H_2O + CO_2 \longrightarrow H_2CO_3$$

자연 상태에서 대기 중의 이산화탄소가 물에 녹아 평형상태를 이룰 때 만들어지는 물의 pH는 5.6 정도랍니다. 그런데 우리가 우려하는 산성비의 pH는 5.6보다 더 낮아요.

화석연료가 연소하면서 대기로 방출하는 오염물질 중에는 다량의 질소산화물과 황산화물이 있어요. 이것들의 화학식은 다양한 편이어서 산소의 개수를 정확히 표시하지 않고 미지수 x를 사용하여 NO_x, SO_x 등으로 표시하는 게 보통이죠. NO_x는 대기 중의 수증기 또는 빗물과 반응하여 질산HNO_3과 아질산HNO_2을 만들며, SO_x는 황산H_2SO_4과 아황산H_2SO_3 등을 만들 수 있답니다. 이렇게 생성된 산성 물방울들이 비나 눈이 되어 대지로 내려오면 산성비가 돼요.

사람이 밀집된 대도시에서 내리는 산성비의 연평균 pH는 4~4.5 정도의 수치를 보입니다. 또 질소산화물과 황산화물의 배출이 많은 공업단지 밀집 지역의 경우 산성비의 pH가 1.5 이하로 나타나는 곳도 있어요. 이 정도의 낮은 pH는 사람들의 건강에 피해를 주는 것을 넘어 생물 환경을 교란해 지역 생태계에 복구 불가능한 피해를 줄 수 있어요. 더 큰 문제도 있습니다. 산성비가 대기 오염원이 밀집한 지역에만 국한된 것이 아니라 국경을 넘고 대륙을 건너 전 세계적인 문제로 확산했다는 점이에요. 실제로 산성비는 대기 공해와 무관한 청정 지역까지 침범하여 이미 오래전부터 생태계에 피해를 주고 있음이 밝혀졌어요.

우리는 주변에서 산성비로 인한 피해를 심심치 않게 목격합니다. 특히 야외에 오래 전시된 대리석 조각품이나 석조 건물들이 흉물스럽게 녹아내려 손상된 모습은 충격적이에요. 한편 눈에 띄지는 않지만 청정 지역이라고 믿었던 울창한 산림 지역과 아름다운 호수도 산성비의 피해로 신음하고 있답니다. 특히 물과 토양에 민감한 산림의 피해는 매우 심각해요. 산성비는 식물의 표면 구조를 공격하여 파괴할 뿐만 아니라 토양을 산성화하여 식물의 생장을 근본적으로 저해합니다. 또 나뭇잎의 증산작용을 방해하여 식물이 말라 죽게 만들지요. 한편 호수로 흘러든 산성화된 빗물은 어류의 생장과 번식을 방해하며 심한 경우 물고기가 살수 없는 죽은 호수로 만들어버립니다. 더욱 놀라운 것은 산성비가 토양에 존재하는 일부 금속성 미네랄들을 녹여 동식물들의 몸에 흡수되어 축적된다는 점입니다. 토양에 있는 수산화알루미늄 $Al(OH)_3$이 산성비에 녹아 독성 물질인 알루미늄 이온Al^{3+}이 된다는 것이 알려져 사람들을 놀라게 했어요.

산성비의 피해를 줄일 방법은 현재로서는 질소산화물과 황산화물을 발생시키는 오염원을 줄이는 것뿐이에요. 정책적으로 화력발전소의 가동과 건설을 억제하는 것은 효과적인 방법의 하나입니다.

#산성화된_빗물 #질소산화물 #황산화물 #대기_중_수증기와_반응 #생태계_피해 #화력발전소

원자력 발전

화석에너지의 대안이 될 수 있을까?

화석연료의 연소반응과 같은 일반적인 화학 반응은 원자와 원자를 연결해주는 화학 결합을 끊고 또 연결하는 과정입니다. 이때 발생하는 에너지를 화학 에너지라고 불러요. 다시 말하면 원자의 중심에 있는 핵은 전혀 변하지 않고 그 주변에 있는 전자만 이동과 재배치가 일어나면서 발생하는 에너지가 바로 화학 에너지입니다. 반면 원자력은 그 원리가 전혀 달라요. 원자의 중심에 있는 핵이 분해되면서 다른 핵으로 변하는 과정, 즉 원소 변화가 수반될 때 발생하는 에너지가 바로 원자력이에요. 원자의 가장자리에 있는 전자는 열을 가하거나 빛을 쪼여서 이동시키거나 뗄 수 있지요. 그러나 원자의 중심에 있는 핵은 보통의 기술로는 건드릴 수 없었어요. 인류가 수천 년 동안 공들였던 연금술이 성공할 수 없었던 것도 이런 이유 때문이었지요.

19세기 후반에 접어들면서 과학자들은 베일에 꽁꽁 싸여 있던 원자 내부의 비밀에 접근했고 마침내 핵을 변화시킬 방법을

알아냈습니다. 이탈리아 출신 물리학자 엔리코 페르미Enrico Fermi
는 중성자를 이용해 원자핵을 변화시켜 새로운 원자핵을 만드는
방법을 고안했고, 독일 화학자 오토 한Otto Hahn이 마침내 우라늄
동위원소^{235}U를 이용한 핵분열에 성공했어요.

$$U + n \longrightarrow Ba + Kr + 2n + 에너지$$

여기서 주목해야 할 점이 있어요. 핵분열 과정에서 발생하는
에너지는 일반적인 화학 반응 에너지의 수백만 배에 해당한다는
것입니다. 그 이유는 반응 과정에서 발생하는 중성자n 수가 계속
늘어나기 때문이에요. 늘어난 중성자는 이웃한 핵에 연쇄적으로
충돌하여 에너지 발생이 기하급수적으로 커지거든요. 만약 이런
연쇄반응을 제어하지 않고 그대로 두면 폭발 반응이 일어날 거예
요. 이것이 바로 핵폭탄의 원리인 거죠. 그러나 핵분열 후 발생하
는 중성자 일부를 흡수하여 급격하게 증가하지 못하도록 제어한
다면 반응은 느리게 일어나게 되고 이 에너지를 평화적으로 이용
할 수 있지요. 2차 세계대전이 한창이던 1942년 페르미는 미국
시카고 대학에서 인류 최초로 원자로 가동에 성공했어요.

안전 문제만 담보할 수 있다면 핵발전은 나쁜 것이 아닙니다.
핵 에너지는 무척 효율적이며 공해 문제에서 비교적 자유로운 에
너지예요. 그러나 러시아 체르노빌과 일본 후쿠시마에서 발생한

끔찍한 사고를 경험한 사람들은 핵발전의 안전 문제를 마냥 신뢰하지 못합니다. 게다가 오래된 원자로를 가동하는 일은 사람들을 불안하게 만듭니다. 사용 후 남은 연료를 처리하는 문제도 핵발전을 부정적으로 만드는 걸림돌이에요. 현재로서는 이것들을 지하에 매립하는 방법 이외에는 뾰쪽한 수가 없어요. 안정성을 보장할 수 없으니 재처리하여 이용하지 못하도록 국제 규약으로 엄격히 제한합니다.

핵발전이 화석연료를 대체할 에너지원이 될 수 없는 근본적 이유는 원료가 충분하지 못하다는 데 기인합니다. 우라늄 동위원소의 매장량은 매우 제한적이며 일부 지역에 국한되어 있기에 핵발전은 지속 가능한 에너지원이 되기 어려워요. 또 핵연료는 우라늄 정제 과정을 거쳐야만 하기 때문에 생산과 공급에 많은 제약이 따르고요. 현재 우리나라에는 원자력발전소 4곳에서 20여 기의 원자로가 가동되고 있어요. 이 원자로에서 국내 전기 생산의 약 40%를 책임집니다. 우리나라는 이미 원자력 의존도가 매우 높은 나라에 속하고 있어요. 만약 원자력발전소가 계획 없이 일부라도 가동을 중단하게 된다면 에너지 공급에 어려움을 겪을 수 있습니다.

Q   #핵_분해 #원소_변화 #중성자 #원자핵 #핵분열 #우라늄_동위원소 #안전성 #원자력발전소

핵융합

꿈의 에너지,
핵융합 발전은 가능할까?

원자는 핵과 전자로 이루어져 있어요. 원자의 중심에 있는 핵은 그 크기가 원자의 약 10만분의 1 정도에 불과합니다. 대부분의 질량을 핵이 차지하고 있어요. 핵의 내부구조는 더욱 흥미로워요. 수소를 제외한 원소의 핵은 양전하를 띠고 있는 양성자와 전하를 띠지 않는 중성자가 빼곡하게 밀집되어 하나의 덩어리를 이루고 있답니다. 이상한 일이에요. 그게 뭐 어떻냐고요? 같은 전하를 띤 입자들이 서로 밀어내지 않고 그 작은 공간에 밀집된 것은 매우 독특한 일이에요. 이런 구조의 원자핵은 과연 안정할 수 있을까요?

실제로 원자의 핵들은 그 안정한 정도가 원소마다 달라요. 원자 번호 26번인 철Fe이 가장 안정하며, 철을 중심으로 원자 번호가 감소 또는 증가할수록 불안정해집니다. 이 때문에 질량이 작은 핵들은 더 무거운 핵으로 융합하면서 안정화되며, 철보다 무거운 핵들은 분열하면서 더 안정화된답니다. 이쯤 되면 여러분은 무거운 원소인 우라늄 동위원소가 핵분열을 하는 이유와 별들이 수소를 연료로 하여 핵융합하며 그 에너지로 빛을 내는 사실을 눈치챘을지도 모르겠네요. 별들은 수십억 년의 일생을 계속해서 핵융합하여 마지막으로 철을 만들어냈던 거예요. 그리고 그 철은 별똥별의 잔해가 되어 고대인들이 칼을 만들던 재료가 된 거죠.

핵융합을 인공적으로 일으키기 위해서는 원자 주변에 있는 전자들을 걷어내고 핵들을 서로 가깝게 접근시켜야 해요 이런 일은 보통의 온도에서는 절대 불가능하며 적어도 수천만 도 이상에서만 가능하답니다. 극한의 온도가 되면 물질을 이루는 원자의 전자와 핵은 서로 분리되어 플라스마plasma라고 불리는 상태가 돼요. 마침내 핵들은 서로 가깝게 접근할 수 있게 되고, 핵력이라고 부르는 힘으로 서로 달라붙어 핵융합이 일어납니다. 실험실에서 수천만 도로 높은 온도를 만드는 것도 어렵지만, 그렇게 높은 온도를 견딜 수 있는 실험 도구를 만드는 것도 쉽지 않겠지요. 따라서 인공적인 핵융합은 인류의 과학 최전선에 있는 도전적인 연구 분야예요.

불행하게도 인류 최초의 인공 핵융합은 전쟁을 위한 도구로 만들어졌어요. 수소폭탄이라고 부르는 무서운 살상 무기가 바로 그것이었죠. 하지만 수소폭탄 실험의 성공 이후, 과학자들은 핵융합을 평화적으로 이용하려 핵융합 발전을 위한 연구에 노력을 기울였답니다. 1960년대에 있었던 최초의 핵융합폭탄 실험 이후

반세기가 흘렀고, 그간 평화적 핵융합 연구에 획기적인 진전이 나타났어요. 우리나라를 비롯한 선진국에도 핵융합이 일어나는 실험로가 설치되어 가동에 들어갔고요. 현재 대부분의 핵융합로 실험로에서 삼중수소와 중수소를 반응시켜 핵융합을 테스트하고 있답니다.

$$^3H + {}^2H \longrightarrow {}^4He + 중성자$$

핵융합 발전은 장점이 많아요. 특히 방사능 핵폐기물이 발생하지 않아서 안전합니다. 또 연료가 사용되는 삼중수소와 중수소는 바닷물에서 무한정 얻을 수 있어서 지속 가능하지요. 그러나 극한의 높은 온도를 제어하는 기술을 확보해야 하고 경제성을 갖춘 핵융합로를 만드는 것 역시 여전히 어려운 문제예요.

#원자_핵+전자 #별들의_핵융합 #별똥별 #철 #플라스마 #핵력 #수소폭탄 #지속_가능성

달 탐사
우주 자원을 차지하기 위한 경쟁과 헬륨-3

미국의 아폴로 계획은 1961년부터 1972년까지 10여 년간 지속된 유인 달 탐사 프로젝트였어요. 미국은 이 프로젝트를 수행하면서 천문학적인 예산을 투입했어요. 소련과의 우주 경쟁에서 앞서기 위함이었죠. 하지만 아폴로 계획 이후 사람들은 달에 우주인을 보내는 일에 다소 시들해졌어요. 굳이 엄청난 예산과 위험을 무릅쓰고 달에 우주선을 보낼 이유가 없었던 거예요. 그런데 최근 들어 세계 각국은 달 탐사에 적극적으로 나서고 있는 듯해요. 미국은 물론이고 중국, 일본, 아랍에미리트, 최근에는 우리나라도 뒤질세라 달 탐사 경쟁에 뛰어들었어요. 왜 세계 각국은 갑자기 달 탐사에 경쟁적으로 나서는 걸까요?

아폴로 계획을 수행하면서 미국은 달에서 수백 킬로그램의 암석을 지구로 가져왔어요. 그 암석을 분석해 살펴보니 달에는 인류에게 필요한 다양한 광물 자원이 있었습니다. 그중에는 지구에선 거의 찾아볼 수 없는 헬륨-3^{3}He가 있었어요. 헬륨-3는 2개

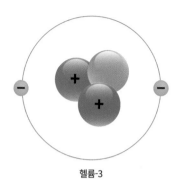

헬륨-3

의 양성자와 1개의 중성자를 갖는 헬륨의 동위원소예요. 태양으로부터 쏟아지는 엄청난 태양풍으로 인해 달의 지층에 수십억 년 동안 많은 헬륨-3가 축적되어 있었던 거예요. 헬륨-3는 핵융합 반응의 원료로 사용될 수 있지만, 그 당시에는 핵융합 기술 연구가 기초 단계에 불과했고 또 달에서 이것을 채굴하고 운반해 에너지원으로 이용하기 위해서는 넘어야 할 산이 너무나 많았기에 큰 관심을 기울이지 않았어요.

이제는 상황이 바뀌었어요. 현재 세계 곳곳에서는 화석에너지의 남용으로 인한 갈등과 동시에 앞을 다투어 건설한 원자력발전소의 안전성과 폐기물 처리에 대한 위험을 걱정하는 목소리에 힘이 실리고 있죠. 이에 때맞추어 사람들은 달에 있는 헬륨-3에 집중하기 시작했습니다. 헬륨-3를 이용하여 핵융합 발전을 하게 된다면 화석에너지보다 수천만 배 높은 효율의 에너지를 얻을 수 있어요. 현재 달에 매장되어 있는 헬륨-3의 양은 약 100만 톤으로 추산하고 있어요. 만약 헬륨-3를 채굴하여 지구로 가져올 수만 있다면 인류가 앞으로 1만 년 정도는 에너지 걱정을 안 해도 될 정도의 양이라고 합니다.

지구가 아닌 우주에서 자원을 채굴하려면 식량과 에너지가 필요해요. 특히 물이 필수적이죠. 물을 전기분해해서 산소와 수소로 분리하면 로켓을 위한 연료로 사용할 수 있기든요. 하지만 지구에서 다량의 물을 싣고 달로 간다는 것은 거의 불가능할 뿐만 아니라 경제성도 전혀 없어요.

달을 망원경으로 관측하면 대기가 전혀 없는 황량한 땅과 구덩이만 보였고 물이라곤 전혀 찾아볼 수 없었는데, 아폴로 우주인이 직접 방문해도 결과는 같았어요. 그러다 물 한 방울 없는 것으로 추측했던 달의 표면에서 20여 년 전, 소량의 물 분자가 탐지되어 과학자들을 흥분시키더니 최근에는 달의 북극에 있는 분화구에 다량의 물이 얼음 상태로 존재한다는 사실이 밝혀졌어요. 이 물을 이용한다면 달의 자원을 이용할 기회가 성큼 가까워질 것입니다. 그래서 선진 각국은 달 탐사에 더욱 적극적으로 나서고 있습니다. 혹여 나중에 생길지 모르는 달 영유권 분쟁을 사전에 방지하기 위한 협정도 맺고 있고요. 아르테미스 협정이라 불리는 이 약정에는 달의 평화적 이용을 위한 갈등 방지와 자원의 활용에 관한 내용이 담겨 있어요. 물론 우리나라도 참여하고 있습니다. 과거 식민지 개척 시대에 보였던 인류의 광기가 우주 탐사에서도 재현되지 않기를 바라는 마음이 간절하지만, 역사를 보면 이런 협약은 휴지 조각처럼 버려진 적이 많아서 또 걱정이 에요.

유기 화합물
탄소의 마술, 유기 화학의 세계

'유기농' '유기물' '유기 화합물'처럼 '유기'라는 말이 들어간 용어를 들어본 적이 있지요? 대개는 좋은 의미로 쓰이지만 가끔은 해로운 물질로 표현되는 경우도 있어요. 유기有機를 의미하는 영어 'organic'은 동식물에서 특정 기능을 하는 부분, 즉 장기organ를 뜻하는 말이에요. '유기물'이라는 말은 생물의 체내에서 만들어진 물질이란 의미에서 처음 사용된 용어랍니다. 과학이 발달하지 못했던 시절, 사람들은 생명체를 매우 신성한 것으로 생각했어요. 생명체에서 발견되는 물질은 오로지 생명 현상으로만 만들어질 수 있다고 확신했죠. 예를 들어 동물의 소변에서 발견되는 요소urea는 생명 현상으로만 만들어지는 물질이므로 실험실 같은 인위적인 환경에서는 절대로 생산할 수 없다고 생각했어요. 이와는 반대로 생명 현상과 관계없는 물질들, 예를 들어 토양이나 암석의 성분과 같은 물질들은 무기 화합물 또는 무기물이라고 불렀어요. 하지만 1828년 독일 화학자 프레드리히 뵐러Fredrich Wöhler

가 무기물인 시안산암모늄NH_4OCN을 가열하여 요소를 합성하면서 유기 화합물의 개념이 바뀌었습니다.

현대적 개념으로 유기 화합물organic compound이라는 말은 탄소C를 중심 원자로 하여 생성된 물질을 의미해요. 유기물은 탄소 결합으로 이루어진 골격을 기본으로 특정한 화학 작용을 하는 작용기functional group가 결합해 있답니다. 가장 기본적인 유기 화합물은 탄소와 수소만으로 이루어진 것으로, 흔히 탄화수소라고 불러요. 가장 간단한 탄화수소는 1개의 탄소와 4개의 수소로 이루어진 메테인CH_4, methane, 메탄입니다. 탄소의 개수가 2, 3, 4…… 로 늘어나면 탄소들은 서로 결합하여 탄소-탄소 골격을 만들어요. 이들의 이름은 차례로 에테인C_2H_6, 에탄, 프로페인C_3H_8, 프로판, 뷰테인C_4H_{10}, 부탄 등 여러 이름이 있습니다.

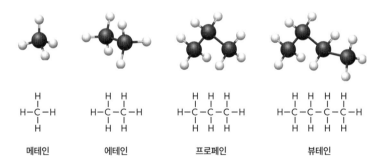

메테인   에테인   프로페인   뷰테인

탄화수소들은 보통 난방, 자동차 등의 연료로 사용되거나 다른 유기 화합물을 만드는 원료로도 사용된답니다.

한편 탄화수소에 특정한 원자 혹은 분자단(원자 여러 개가 결합된 구조체, 작용기라고 불러요)이 결합하면 특징적인 구조와 화학적 성질을 보이는 유기 화합물이 만들어집니다. 사람들이 잘 알고 있는 알코올은 탄화수소에 −OH가 결합된 것이며, 아민은 −NH$_2$가 결합된 거예요. 알코올에 관해서는 뒤에서 더 자세히 알아볼게요. 유기 화합물은 결합된 분자단의 종류에 따라 이름이 달라지며, 이런 이름으로 유기 화합물을 분류하기도 해요.

알코올	아민	알데하이드	카복실산
H−C−OH (H 위·아래)	H−C−NH$_2$ (H 위·아래)	H−C(=O)−H	H−C(=O)−OH
메틸알코올	메틸아민	메틸알데하이드	폼산

⬆ 작용기에 따른 유기 화합물의 분류

낯설고 어렵게 느껴지나요? 걱정하지 마세요. 유기 화합물을 분류하고 이름을 공부하는 것이 이 책의 목적이 아니니 여기에서는 유기 화합물의 이름을 크게 신경 쓰지 않아도 됩니다. 유기 화합물을 처음 대하는 많은 사람이 수많은 종류의 이름과 구조식에 질려서 포기하곤 하거든요. 서두르지 말고 천천히 살피다 보면 어느 순간 익숙해지고 그 특징과 성질이 파악될 거예요. 우리의 일상생활에는 많은 유기 화합물이 사용되고 있어요. 굳이 전문가가 아니어도 유기 화합물에 대해 조금만 알고 있으면 실생활뿐만 아니라 여러 분야에 큰 도움이 될 수 있답니다.

063

포화와 불포화

알 듯 모를 듯 아리송한 용어들

"한 건물에 카페가 하나씩은 꼭 있네? 새로 창업하기에 카페는 이미 포화 상태야!"

일상에서 포화saturated나 불포화unsaturated라는 용어를 접할 때가 있지요. 주로 어떤 크기의 공간이나 용기에 무엇이 얼마나 많이 채워져 있는가를 표현할 때 사용해요.

유기물질에 관한 이야기에도 이런 용어가 나와요. 포화지방산, 불포화지방산이라는 용어가 있어요. 특히 다이어트나 건강 문제에 관심이 많다면 음식이나 건강보조제, 건강 관련 정보를 검색하게 돼요. 여기에서 포화-불포화와 관련된 용어가 단골처럼 등장하곤 합니다.

지방과 같은 식품 혹은 유기물질을 나타낼 때 사용하는 포화-불포화란 말은 그 물질이 가진 탄화수소 부분의 화학 결합 차이 때문에 생긴답니다. 탄화수소가 가지고 있는 탄소-탄소 결합의 차이가 바로 이 용어를 이해하는 핵심이에요. 포화 탄화수소는 분자 내에 있는 모든 탄소-탄소 결합이 단일 결합으로만 되어 있고, 불포화 탄화수소는 분자 내에 적어도 하나 이상의 탄소-탄소 이중 결합 또는 삼중 결합을 가지고 있어요. 단일 결합으로만 이루어진 탄화수소는 수소가 첨가되는 반응을 더는 할 수 없어요, 이런 이유로 '포화'라는 수식어를 붙인답니다. 반대로 이중 결합 또는 삼중 결합을 갖는 불포화 탄화수소는 수소를 첨가하는 반응이 이루어져 포화 탄화수소로 바뀔 수 있어요. 사실 수소 첨가라는 의미로 본다면 포화-불포화라는 말이 우리가 흔히 생각하는 의미와 유사하다고 생각할 수도 있어요. 그러나 화학에서는 그것보다는 탄소-탄소의 결합에 초점을 둡니다. 즉, 단일 결합만을 가진 물질인지 혹은 다중 결합(이중 결합이나 삼중 결합)을 가진 물질인지를 더 중요하게 보는 거예요.

포화 탄화수소는 파라핀paraffin이라는 별명이 있어요. 흔히 왁스, 양초, 밀랍같이 하얗고 단단하며 열을 가하면 쉽게 녹는 물질을 파라핀이라고 부릅니다. 보통 가구나 목재 등의 표면에 칠하여 광택을 내고 보호하는 용도로 사용하고 찜질 같은 치료 목적으로 사용하기도 해요. 한편 불포화 탄화수소들은 올레핀olefin이라는 별명이 있으며, 포화 탄화수소인 파라핀보다는 밀도가 낮아서 덜 끈적거리는 액체 상태로 존재할 가능성이 높답니다.

이중 결합을 갖는 불포화 탄화수소는 이중 결합의 양쪽에 위치하는 사슬들의 배치 형태에 따라 두 가지 구조의 다른 분자가

포화 탄화수소   불포화 탄화수소

생길 수 있어요. 우리는 이런 것을 시스-트랜스 이성질체cis-trans isomer라고 부릅니다. 시스-트랜스의 구조 변화는 분자에 따라서 매우 특징적인 물리적 또는 화학적 차이나 생화학적 대사를 설명해줄 수 있는 매우 중요한 개념이에요. 예를 들어 우리가 어두운 극장 같은 곳에 들어가면 처음에는 내부 좌석이 잘 보이지 않지요. 그러나 시간이 지나면서 서서히 어둠에 적응되어 극장 내부 좌석이나 사람을 확인할 수 있는데요, 이 시각 과정이 눈에 있는 레티날이라는 물질의 시스-트랜스 이성질체 변화 때문에 일어나는 현상이에요.

Q   #얼마나_채워져_있나 #탄화수소의_화학_결합_차이 #탄소-탄소_결합 #다중_결합 #파라핀

064

알코올

알코올이라고 해서 다 같은 알코올이 아니랍니다!

알코올은 이집트 피라미드 내부 벽화에도 등장할 만큼 오래된 물질이에요. 오늘날 음료에서부터 화장품, 의약품, 대체 연료에 이르기까지 전 인류가 널리 다양한 용도로 사용하고 있습니다. 알코올alcohol이란 라는 말은 아랍어의 영향을 받았어요. 알코올의 '알al'은 아랍어에서 흔히 쓰이는 관사의 일종이에요. 알칼리, 알데히드 같은 용어에서도 아랍어의 흔적이 엿보이는데, 연금술의 발달 과정에 아랍 과학문화가 유입된 흔적으로 추정돼요.

알코올을 화학적으로 정의하면 '탄화수소의 뼈대에 산소와 수소가 연결된 작용기-OH가 있는 물질'이에요. 가장 간단한 탄화수소인 메테인CH_4에 −OH가 붙으면 메틸알코올이고, 에테인C_2H_6에 −OH가 붙으면 에틸알코올이 되는 겁니다. 특히 이 두 알코올은 우리에게 매우 친숙한데, 전자는 소독용으로 잘 알려진 메탄올methanol, (메틸알코올이라고도 부름)이고 후자는 술과 같은 음료에 사용되는 에탄올ethanol, (에틸알코올이라고도 부름)이에요. 간단하고 흔한 이

두 알코올은 이용 가치가 매우 커서 오래전부터 상업적으로 이용하기 위해 많이 제조되었어요. 메탄올은 전통적으로 나무를 이용해 공기를 차단한 상태에서 만들었기 때문에 목정wood alcohol이라고 부르기도 해요. 현재는 주로 일산화탄소와 수소의 촉매 반응을 이용하여 제조하며 전 세계적으로 매년 수천만 톤이 생산돼요. 이렇게 생산된 알코올은 주로 접착제, 섬유, 플라스틱을 합성하기 위한 출발 물질로 사용되지요. 또 이것을 자동차의 연료로 사용하기 위한 연구도 많이 해서 일부는 이미 상용되고 있답니다. 실제로 메탄올은 세계적으로 유명한 자동차 경주 대회에서 경주용 자동차 연료로 사용돼요. 메탄올이 자동차 연료로 사용될 때 장점은 노킹이라고 부르는 비정상적 폭발 현상이 현저히 적어 고출력의 엔진에 적합합니다. 또, 배기가스에 함유된 일산화탄소의 양도 적고요. 하지만 불완전연소가 발생하면 인체에 치명적인 포름알데히드가 생성될 가능성이 높답니다. 또, 알코올 특성상 연료 계통을 부식시켜 자동차 수명이 단축될 수 있어요. 그래서 과학자들은 포름알데히드를 제거해 유해성을 없애려 촉매 변환 장치를 사용하는 방법을 제시했어요.

에탄올은 전통적으로 포도당에 효모를 첨가하여 발효시키면 얻어지고, 이를 흔히 '술'이라고 부릅니다. 하지만 효모를 이용한 발효 방법으로는 13% 이상의 에탄올을 포함하는 술은 만들 수 없답니다. 왜냐하면 그 이상의 농도에서는 효모가 생존할 수 없

기 때문이에요. 따라서 전
세계적으로 제조되는 순도
가 높은 독한 술들은 발효
주를 증류하여 만든 거예

메탄올   에탄올

요. 에탄올의 함량이 96% 이상인 고순도의 알코올은 증류 방법
으로도 만들 수 없답니다. 화학 실험실에서 흔히 사용되는 96%
가 넘는 에탄올은 탈수제를 첨가하여 수분을 제거한 것이어서 절
대 식용으로 사용할 수 없답니다. 한편 에탄올도 자동차의 연료
로 쓰일 수 있으며 흔히 휘발유와 섞어 사용하는데, 이것을 가소
홀gasohol이라 불러요.

사람들에게 알코올은 긍정적인 면과 부정적인 면이 함께 공
존하는 물질이에요. 오랫동안 술은 사람들의 긴장을 풀어주고 친
교와 화합의 의미로 음용되었지만, 한편으로는 각종 폭력과 사회
혼란의 주범이 되기도 했어요. 때로는 메탄올을 술로 착각하여
마시는 사건이 발생합니다. 이는 알코올이란 용어가 술이라는 의
미로 널리 사용되고 있기 때문인데, 메탄올은 절대 먹어서는 안
되는 맹독성 물질이에요. 메탄올은 소량만 섭취해도 실명되거나
사망에 이르는 무서운 액체이므로, 쉽게 손이 닿는 곳에 함부로
보관하면 절대 안 됩니다.

🔍 #인류_역사와_함께한_물질 #메테인 #에테인 #메탄올 #에탄올 #술 #증류 #맹독성_물질

식초와 빙초산

식탁에서 만나는 산성 유기물질

식초는 우리가 거의 매일 식탁에서 사용하는 산성 유기물질이에요. 식초는 아세트산acetic acid이라 불리는 유기 화합물 때문에 신맛을 냅니다. 아세트산은 에탄올이 산화되면 생성되는 물질이에요. 사람들은 오래전부터 술을 발효시켜 식초를 만들었고, 음식의 풍미를 증진하는 데 사용했답니다. 술의 발효과정에서 발생하는 시큼한 냄새도 알코올이 과발효해 생성된 아세트산 때문이에요.

아세트산은 메테인CH_4에 $-COOH$가 결합된 것으로 분자식은 CH_3COOH랍니다. 화학에서는 $-COOH$ 작용기를 갖는 유기 화합물을 카복실산carboxylic acid이라고 부르지요. 카복실산은 탄화수소에 $-COOH$가 작용기로 결합하여 산성을 띠는 유기물을 총칭하여 부르는 이름이에요. 이런 물질이 산acid이 되는 이유는 물에 녹아서 양성자H^+를 내놓는 성질 때문이에요.

$$CH_3COOH + H_2O \rightleftarrows CH_3COO^- + H_3O^+$$

아세트산을 포함한 대부분의 카복실산은 약산으로 분류되며 일부 광물질이나 동식물의 체내에서도 발견되곤 해요. 특히 과일의 새콤한 맛과 향은 카복실산 때문인 경우가 많아요.

우리가 가정에서 사용하는 식초는 여러 가지 물질이 다양하게 섞여 있는 혼합물이에요. 발효 공정으로 만들어진 식초에는 아세트산 이외에도 여러 가지 종류의 유기화합물이 혼합되어 있는데, 이는 식초를 만드는 원료와 발효 조건 등에 따라 달라진답니다. 그러니 당연히 색깔이나 풍미도 식초의 종류에 따라 달라서 지역 또는 나라마다 이름난 식초들이 있지요. 한편 순수한 아세트산은 어는점이 매우 높아서(16℃) 얼음덩어리 같은 형태를 하고 있기 때문에 빙초산이라는 별명으로 불려요. 발효식초가 귀하던 시절에는 빙초산을 물에 녹여 식용으로 썼는데 안전성에 대해서는 논란이 많았어요. 현재는 빙초산 식용 문제를 크게 문제 삼는 분위기는 아니에요. 물론 식용으로 검증된 빙초산에 한한 것이지요. 실제로 대량의 절임음식을 만드는 경우나 음료 등을 만드는 공정에서 빙초산을 이용합니다. 하지만 조심해야 할 것은 진한 빙초산을 그대로 마시거나 만져서는 절대 안 된다는 점이에요. 아세트산이 비록 염산이나 황산과 같은 강산에 비해 약한 산이라고 해도 진한 용액이 피부에 직접 닿으면 세포에 손상을 줄 수 있답니다. 그러므로 취급할 때 항상 주의해야 합니다.

한자어를 사용하는 나라마다 초산이라는 명칭이 의미하는 물질이 달라서 혼란이 생기는 경우도 있어요. 일본이나 중국에서는 질산HNO_3을 초산이라고 쓰는데, 간혹 질산을 의미하는 초산이 그대로 번역된 경우가 있어요. 따라서 오래된 과학 번역서나 옛날 문헌을 읽을 때는 주의가 필요합니다. 또 질산의 원료가 되는 광물인 질산나트륨$NaNO_3$이나 질산칼륨KNO_3 역시 초석이라는 이름으로 불려요. 그래서 질산을 초산이라고 부르는 경우도 있답니다.

#산성_유기물질 #아세트산 #유기_화합물 #신맛 #양성자 #카복실산 #빙초산 #취급_주의

아미노산과 단백질

생명 현상에 있어
무엇보다도 중요한 물질

아미노산은 생명 현상에서 꼭 필요한 핵심 물질 중 하나이며, 이름처럼 아미노기-NH₂를 갖고 있는 카복실산의 일종으로 단백질을 만드는 원료입니다. 그래서 아미노산의 존재가 생명 현상을 뒷받침할 수 있는 증거라고 볼 수도 있어요. 아미노산은 분자의 크기와 구조가 다양해 수많은 종류가 있는데, 현재까지 지구 생명체에서 발견된 아미노산은 단 22종뿐이랍니다. 우리가 아는 한, 지구 생명체의 생명 현상은 수많은 아미노산 중에서 22종의 아미노산만을 바탕으로 이루어진다는 이야기예요. 이것은 단순한 우연일 수도 있지만 우연이라고 보기에는 너무나 선택적이어서 계획적이란 생각까지 듭니다. 그래서 과학자들은 지구 생명체의 기원을 우연적인 발생으로 보지 않고 지구 밖 어느 곳, 외계로부터 유입된 것으로 추정하기도 합니다. 실제로 태양계를 누비는 우주 탐사선들이 그토록 찾고자 하는 것 중에는 아미노산과 관련된 존재의 흔적들도 있답니다.

아미노산끼리는 서로 결합되어 더 큰 분자를 만들 수 있어요. 2개 이상의 아미노산이 결합한 분자를 펩타이드peptide, 제법 많은 아미노산이 결합한 경우를 폴리펩타이드polypeptide라고 불러요. 폴리펩타이드 중에서 일반적으로 50개 이상의 아미노산이 결합되면 단백질protein, 프로테인이라고 한답니다.

$$H-N\underset{H}{\overset{H}{-}}\overset{H}{\underset{H}{C}}-\overset{O}{\overset{\|}{C}}-OH$$

아미노기   카복실기

↑ 아미노산의 구조

아미노산 + 아미노산 → 프로테인

펩타이드 결합

'단백질'이라는 말은 '달걀의 흰자'에서 온 거예요. 단백질을 '흰자질'이라고도 해요. 또 단백질을 의미하는 영어 'protein'의 어원은 그리스어로 '먼저 중요한 것'이란 말에 있습니다. 단백질이 생명 현상에서 차지하는 중요성을 강조한 거예요. 사람들은 단백질이 우리 몸의 근육과 피부, 머리카락 등을 생성하는 데 필요한 물질이라고 생각하지요. 맞는 말이긴 하지만 단백질은 단순히 우리 몸의 외형을 만드는 데 그치지 않고 몸 안에서 생화학적 작용을 하는 각종 효소를 만들고, 유전 정보를 전달하는 물질과 병원균에 대항하는 항체를 생성하는 역할을 합니다. 또 일부 호르몬을 만드는 데도 필요하고요. 단백질은 우리 몸 안에서 일어나는 모든 화학 반응을 관장하는 물질이라고 말할 수 있어요. 그래서 생명 현상에 있어 무엇보다도 '먼저 중요한 물질'이라는 의미가 깊게 다가오는 거죠.

단백질은 근육을 이용하는 동물에게만 중요한 물질이 아니에요. 콩과 식물 등 일부 식물도 단백질을 만듭니다. 우리는 음식물을 통해 단백질을 섭취하고, 필요한 경우 에너지원으로도 사용해요. 동식물을 막론하고 모든 단백질이 22종의 아미노산으로 만들어졌어도 그 구성과 비율은 전부 달라요. 우리가 단백질을 섭취하면 우리 몸은 이것을 다시 아미노산으로 분해해서 몸에 필요한 단백질로 재조합하여 필요한 용도에 맞게 사용합니다. 이쯤 되면 왜 그토록 많은 아미노산 중에서 생명체가 사용하는 것이 22개뿐인지 짐작할 수도 있을 거예요. 우연이라고 보기에 자연의 설계 원리는 참 신비롭고, 단지 신비롭다고 보기에는 너무나도 정교합니다. 자연의 설계 원리가 놀랍지 않나요?

Q　#아미노기 #카복실산 #단백질_구성_원료 #지구상_22종 #지구_생명체의_기원 #펩타이드

단백질

단백질 구조해석,
생명과학의 새 장을 열다

우리는 매일 다양한 단백질을 섭취합니다. 식습관이 서구식으로 바뀌면서 더 자주 더 많이 단백질을 먹습니다. 그중에서도 계란은 단백질이라는 이름의 어원과 연결되어 있다고 했지요. 우리는 계란을 삶기도 하고 깨뜨려 가열해 먹기도 하고, 휘젓는 도구로 풀어서 요리하기도 합니다. 빵이나 쿠키를 만들 때 흰자를 빠른 속도로 휘저어 거품을 만들어야 할 때가 있어요. 뭉쳐 있던 계란을 휘저으면 형태가 풀어져 거품이 되고, 가열하면 단단하게 굳어요. 이런 성질 변화는 계란에 있는 단백질이 가진 3차원적 구조의 변화 때문에 일어납니다. 많은 아미노산이 결합해 생성된 단백질은 긴 사슬 형태가 되지 않고 중간중간에 수소 결합을 할 수 있는 부분이 있습니다.

　많은 아미노산이 서로 결합해 생성된 단백질은 원래 긴 사슬 형태가 되어야 할 겁니다. 사슬의 중간중간에는 수소 결합을 할 수 있는 부분이 있거든요? 그래서 단백질의 사슬은 단순한 선형을 갖지 않고 상황에 따라 꼬이거나 겹쳐요. 그러면 단백질들은 저마다 고유한 3차원적인 구조를 가지게 돼죠. 가장 간단한 단백질 구조는 스프링처럼 나선형으로 꼬인 구조인데, 이것을 α-나선 (알파-나선) 구조라고 부른답니다.

단백질 구조가 꼬여 있다는 점을 처음 밝혀낸 사람은 미국 화학자 폴링Linus C. Pauling이에요. 폴링은 현재 우리가 사용하고 있는 화학 결합 이론을 만든 이론 화학자로서 다양한 화학 분야에서 큰 업적을 남겼습니다. 1930년대에 전 세계의 많은 과학자가 생명의 신비를 밝히는 일에 집중했어요. 특히 생명 현상에서 가장 중요한 단백질의 구조를 규명해서 생명의 신비에 한 발 더 다가가고자 시도하던 와중에 폴링은 단백질의 사슬 구조들 사이에 수소 결합이 존재할 수 있겠다고 생각했고, 수소 결합을 이용해 단백질의 3차원적 구조를 만들었습니다. 결국 나선형으로 꼬인 단백질의 구조를 알아내게 되었죠. 이 업적으로 단백질 구조 규명이 큰 진전을 보이게 되었는데, 그 공로로 폴링 박사는 1954년 노벨화학상을 단독으로 수상했답니다.

이후 폴링은 연구 결과를 확장하여 DNA 구조 역시 단백질과 유사한 나선구조를 갖고 있을 것이라고 생각해 정확한 구조해명에 큰 노력을 기울였어요. 당시에는 여러 과학자가 이 분야를 연구하려고 경쟁적으로 나서고 있었어요. 그런데 공교롭게도 소련과 미국의 대립이 첨예하던 때였고, 폴링은 핵무기 확산을 적극적으로 반대했기 때문에 미국 정부로부터 미움을 받고 결국 많은 연구지원을 잃었어요. 이 때문에 DNA 구조 해석의 공은 영국 과학자 왓슨과 크릭에게 돌아갔고, 폴링은 아쉽게도 고배를 마셔야 했답니다. 하지만 그는 세계 평화에 헌신한 공로로 1962년 노벨 평화상을 단독으로 수상합니다. 노벨상을 두 번 수상한 과학자는 여러 명이 있지만, 두 번 모두 단독 수상을 한 사람은 역사상 폴링이 유일해요.

단백질의 구조해석은 생명과학과 의학 분야 발전에 크게 기여하고 있답니다. 특히 병원균과 싸우는 백신 등 의약품을 만드는 분야에서 단백질의 3차원 구조는 병의 인자와 또 이를 치료할 수 있는 정확한 약물의 구조를 파악하는 데 큰 도움을 주고 있어요. 단백질은 매우 큰 분자이고 구조가 매우 복잡해서, 단백질들의 3차원적 구조를 정확하게 알아내기란 매우 어려운 도전적인 연구예요. 최근에는 컴퓨터를 이용한 계산과 시뮬레이션 기술을 이용하여 이러한 과제를 성공적으로 수행하고 있답니다. 덕분에 사람들은 더 오래 또 더 안전하게 삶을 영위할 수 있게 되었어요.

Q #계란 #3차원적_구조_변화 #수소_결합 #단백질_사슬 #구조_해석 #폴링_노벨상 #의학_활용

벤젠

이상한 모양의 유기물질

벤젠benzene은 산업과 과학 분야에서 광범위하게 활용되는 전통적인 유기물질이에요. 벤젠이 가진 독특한 반응성과 특유의 안정성은 오래전부터 화학자들에게 관심의 대상이 되었고, 그 과정에서 얻은 지식은 현대 화학 발전에 크게 기여했어요. 벤젠이란 이름이 우리에게 그다지 낯설지 않은 이유도 벤젠이 제법 친숙한 화학 물질이란 것을 의미하지요. 벤젠은 세탁제 성능이 시원치 않던 시절, 옷에 묻은 기름때를 지우는 긴요한 약품으로 세탁소나 일부 가정에서 사용했어요. 그러나 이는 사실 매우 위험한 일이었어요. 벤젠은 어떤 이유로든 직접 흡입하거나 만져서는 안 되는 1급 발암물질 중 하나거든요. 벤젠의 유해성이 알려지기전, 사람들이 벤젠을 별 거부감 없이 사용한 이유 중 하나는 특유의 냄새 때문이기도 해요. 벤젠과 유사한 구조를 갖는 물질들을 방향족 화합물aromatic compound이라고 부르는 것도 그 냄새 때문이었어요.

↑ 두 가지 형태의 케쿨레 구조

↑ 벤젠의 구조

벤젠의 화학식은 C_6H_6로 다른 탄화수소들에 비하면 수소 개수가 매우 적답니다. 이 때문에 유기물질을 연구하던 초창기 화학자들에게 벤젠의 구조는 수수께끼 같은 것이었어요. 여러 과학자가 벤젠의 구조가 어떠할 것이라고 제안했지만, 번번이 검증 과정에서 잘못된 것으로 판명되고 말았죠. 그 이유는 수소의 수를 줄이기 위해서 이중 결합이나 삼중 결합 또는 고리 형태의 모양을 만들어야 했는데, 그런 물질이 보여줄 거라고 예측했던 반응성과 실제 벤젠의 반응성은 완전히 달랐기 때문이었어요. 그러던 중 1860년대에 독일 화학자 케쿨레Friedrich August Kekule는 꿈속에서 입으로 자기 꼬리를 물고 있는 뱀의 꿈을 꾸었대요. 그는 이 꿈에서 힌트를 얻어 고리 형태의 벤젠 구조를 제안했어요. 케쿨레가 제안한 구조는 그의 꿈 이야기와 함께 일약 유명해졌고 검증 과정에서도 과학자들의 인정을 받았어요. 그 결과 지금까지도 그의 이름은 벤젠 구조와 함께 사용되고 있어요. '케쿨레의 벤젠 구조'라는 식으로요.

케쿨레의 벤젠은 탄소 원자 여섯 개가 육각형 고리를 이루며 단일 결합과 이중 결합이 교대로 나타나는 형태입니다. 그런데 여기에는 문제가 하나 있어요. 단일 결합과 이중 결합을 나타내도 위치만 다른 동일한 벤젠이 또 존재할 수 있다는 사실이었어요. 케쿨레는 이 모순을 해결하기 위해 벤젠 분자는 이 두 개의 형태를 빠르게 왔다 갔다 한다고 가정했고, 이후 상당 기간 과학자들은 그의 견해를 받아들였답니다. 그러나 20세기에 들어 x선을 이용한 분자 구조 해석 기술이 등장하였고 벤젠의 구조는 정육각형을 한 평면형이라고 밝혀졌어요. 케쿨레의 생각대로 이중 결합과 단일 결합이 교대로 있는 구조에서는 탄소-탄소 결합 길이가 모두 같을 수 없을 거예요. 이중 결합의 길이는 단일 결합의 길이보다 짧아서예요. 벤젠의 구조에 대한 비밀이 완전히 밝혀진 줄 알았는데 또다시 베일에 싸였답니다.

🔍 #반응성 #1급_발암물질 #방향족_화합물 #케쿨레의_벤젠_구조 #폴링_공명-구조 #중간_형태

이 골치 아픈 문제를 해결한 사람은 미국의 화학자 폴링Linus Pauling이에요. 그는 양자역학이라는 최신 물리학 이론을 이용하여 화학 결합을 설명하였는데, 그는 두 가지 형태인 벤젠의 양자 상태는 중첩될 수 있다고 생각했어요. 그리고 벤젠의 실제 상태는 두 구조의 중간에 해당한다고 주장하였답니다. 그의 이론은 정확히 육각형 모양을 한 벤젠의 구조를 잘 설명할 수 있었고 이후 이런 벤젠의 구조를 공명 구조resonance structure라고 부르게 되었답니다. 벤젠은 그 흥미로운 구조만큼이나 화학적 성질도 흥미로워요. 벤젠에 대한 연구는 오랫동안 화학자들을 매료시켰답니다.

위에서 말한 공명 구조가 무엇인지 잘 모르겠지요? 공명(resonance)은 물리학이나 공학에서 흔히 사용하는 개념이에요. 한 물체가 진동하면 이웃한 물체에 영향을 주어 함께 진동한다는 의미가 있어요. 흔히 두 개의 소리굽쇠를 나란히 떨어뜨려 놓고 하나의 소리굽쇠를 치면 이웃한 소리굽쇠가 함께 소리 내는 것을 공명현상이라고 하지요. 하지만 화학에서 공명은 다른 의미예요. 벤젠이나 오존 같은 분자에서 여러 개의 동등한 구조식을 쓸 수 있는 경우, 실제 구조는 그 구조들의 중간 형태를 가진다는 것을 공명이라고 한답니다.

녹말과 당
간단한 단당류 길게 엮어 다당류

우리는 삶을 이어나가기 위해 매일 무언가를 먹어야만 해요. 탄수화물carbohydrate은 아주 중요한 영양소 중 하나로 밥, 빵, 국수는 물론 사탕이나 과자 등 간식의 주성분이지요. 어떤 사람들은 탄수화물을 빼면 먹을 것이 별로 없다고도 하고 또 어떤 사람들은 탄수화물을 가급적 먹지 않으려고 다이어트를 합니다. 탄수화물은 말 그대로 탄소와 물이 결합된 물질C + H₂O이란 의미예요. 이걸 그대로 화학식으로 표현하면 $(CH_2O)n$으로 쓸 수 있지요. 여기서 n은 보통 3보다 큰 정수를 가져요. 예를 들어 중요한 탄수화물인 포도당과 과당의 화학식은 $(CH_2O)_6$으로 쓸 수 있답니다. 흔히 탄수화물을 분류할 때, 탄소의 개수로 구분하는 경우가 있어요. 탄소가 5개면 5탄당, 탄소가 6개면 6탄당이라고 부르기도 해요. 그런 의미에서 탄소가 6개인 과당과 포도당은 6탄당이라고 부르면 되겠네요.

탄수화물은 녹색식물이 광합성을 해서 만들 수 있어요. 식물이 물과 이산화탄소를 재료로 태양빛을 받아 탄수화물을 합성하는 것을 탄수화물의 기본 화학식을 이용해서 쓰면 광합성의 기본 원리를 금방 이해할 수 있지요.

$$\text{이산화탄소 } CO_2 + \text{물 } H_2O \xrightarrow{\text{태양빛}} \text{탄수화물 } CH_2O + \text{산소 } O_2$$

사실 이 반응식은 완전한 것이 아니고 참여하는 물질만 표시한 단순한 반응식이에요. 하지만 이것만으로도 우리는 광합성이 탄수화물을 만드는 것과, 그 과정에서 산소가 생성되는 것을 알 수 있지요. 탄수화물 중에서도 우리 몸의 세포에서 에너지로 쓰이는 것은 6탄당인 포도당이에요. 그래서 우리는 포도당과 같은 6탄당을 가장 간단한 당, 즉 단당류라고 부릅니다. 또 단당류인 포도당 또는 과당이 2개 결합된 것은 이당류라고 하며, 더욱 많은 여러 개가 결합된 것을 다당류라고 불러요. 달콤한 설탕은 포도당 1개와 과당 1개가 결합된 대표적인 이당류예요. 또 밥이나 국수에 많은 녹말은 다당류에 속하고요.

우리가 음식물을 통해 탄수화물을 섭취하면 단당류인 포도당은 그대로 에너지원으로 쓰이겠지만, 녹말이나 기타 당(이당류 혹은 다당류)들은 그대로 사용할 수 없어요. 따라서 우리 몸은 '소화'라는 과정을 통해 덩치가 큰 다당류를 작은 단당으로 분해하여 필요한 에너지원으로 사용하게 되는 거죠. 또 과당은 필요한 경우 대사 과정을 통해 포도당으로 전환하여 에너지로 씁니다. 그런데 문제는 사용하고 남은 당이에요. 우리 몸은 에너지원으로 사용하고 남은 당을 내버리지 않고 만일을 위해 저장한답니다. 이런 작용은 우리 몸 안에 있는 간에서 이루어지는데, 간은 단당들을 굴비나 곶감처럼 길게 엮어서 다당류의 형태로 만들어 보관하려는 경향이 있어요. 그중 일부는 근육 속에 글리코겐이라는 형태로 저장해서 근육 운동의 에너지로 사용하고, 나머지는 쉽게 에너지로 바꿀 수 없는 지방으로 전환하여 저장합니다. 혹시 모를 만약의 상황을 위해 저축하는 거예요. 우리 몸이 이런 저장 장치를 만든 이유는 추위와 굶주림을 견디며 생존해온 진화의 결과로 추측된답니다.

사람들은 포도당이나 과당 또는 설탕과 같은 간단한 당류를 섭취하면 단맛을 느껴요. 또 녹말과 같은 일부 다당류는 그대로는 단맛을 느끼지 못하지만, 침 속에 있는 소화 효소(아밀라아제)의 도움으로 먹으면서 단맛을 느낄 수 있고요. 하지만 셀룰로오스와 같은 매우 긴 다당류에는 아무런 맛도 느끼지 못하며 또 소화도 시킬 수 없어요. 그러나 초식동물은 인간보다 소화 과정이 발달하여 셀룰로오스를 소화할 수 있고 셀룰로오스를 섭취하여 에너지를 얻을 수 있답니다. 어쩌면 초식동물들은 셀룰로오스로 된 풀을 먹으면서 맛있다고 생각할지도 몰라요.

포도당

과당

갈락토오스

단당류		포도당, 과당, 갈락토오스
이당류		설탕(서당) = 포도당 + 과당 맥아당(엿당) = 포도당 + 포도당 유당(젖당) = 포도당 + 갈락토오스
올리고당		라피노오스, 스타키오스
다당류		전분, 덱스트린, 식이섬유 등

#탄수화물 #영양소 #탄소+물 #과당 #포도당 #광합성 #단당류 #이당류 #다당류 #소화 #에너지

지방과 트랜스지방
좋은 기름이 있고
나쁜 기름이 있다고요?

지방은 탄수화물, 단백질과 더불어 사람이 살아가는 데 꼭 필요
한 필수영양소 중 하나지만, 건강에 대한 관심이 커지고 있는 요
즘엔 사람들이 좋아하지 않는 단어가 되어버렸어요. 여러분은 각
종 매체를 통해 건강 관련 뉴스를 접할 때 지방이란 단어와 함께
지방산, 포화-불포화지방산, 트랜스지방이라는 용어를 함께 들
은 적이 있을 거예요. 정확한 뜻을 잘 이해하지 못하고 또 어렵게
느껴질 수 있지만 막연히 좋다 나쁘다 정도는 느껴질 거예요. 지
방이 정확히 무엇인지 또 어떤 작용을 하며 어떻게 좋고 나쁜 것
인지를 이해하려면 우선 알아야 할 것이 있습니다. 지방산이라는
것은 탄화수소의 사슬에 카복실기-COOH가 붙어 있기 때문에 생
긴 이름이에요. 카복실산의 일종인 거죠. 그래서 포화지방산이라
는 것은 포화 탄화수소에 카복실기가 붙어 있는 것이고, 불포화
지방산은 불포화 탄화수소에 카복실기가 붙어 있는 것을 말해요.
즉, 트랜스지방산은 불포화지방산의 이중 결합에서 만들어지는

시스-트랜스 구조 중에서 트랜스 형태를 가진 지방산을 말하는 것일 테고요.

흔히 기름이라고도 부르는 지방은 지방산 3분자가 글리세롤과 결합하여 더욱 커진 덩어리를 말해요. 이는 생명체가 비상시를 대비하여 에너지를 저장하는 아주 효과적인 방법이에요. 지방은 칼로리가 매우 높아요. 하지만 사람들이 지방 섭취를 꺼리는 것은 단순히 칼로리가 높은 것 외에도 대체로 끈적이며 물에 잘 녹지 않아서 혈액의 흐름을 방해하기 때문입니다. 이 때문에 각종 성인병이 생길 수 있거든요. 일반적으로 포화 탄화수소는 불포화 탄화수소에 비해 밀도가 높아요. 따라서 포화지방산은 점도가 높고 고체가 되기 쉽지요. 하지만 불포화지방 함량이 높은 지방은 포화지방산으로 된 지방보다 밀도와 점성이 낮아서 건강에 대한 염려를 줄일 수 있어요. 불포화지방산은 동물성 기름보다는 식물성 기름에 많답니다. 우리가 식용유로 사용하는 기름 대부분은 불포화지방산이 상대적으로 많은 식물성 기름이지요. 한편 버터는 포화지방산이 많은 동물성 기름이고요.

우리 몸의 지방은 음식물을 통해 섭취된 것도 있지만, 탄수화물이 몸의 분해-대사 과정을 거쳐 지방으로 전환된 것도 있어요. 우리 몸은 흡수된 탄수화물을 에너지로 사용하고 남은 것을 지방산으로 전환하며 지방으로 만들어 저장하지요. 이때 다양한 대사 과정을 통해 포화지방과 불포화지방이 모두 만들어질 수 있어요.

그런데 어떤 지방산은 우리 몸에 꼭 필요하지만, 몸에서 스스로 생산할 수 없는 것도 있어요. 오메가-3라고 불리는 일부 지방산은 우리 몸이 스스로 만들 수 없어서 음식물을 통해 섭취해야만 해요.

불포화지방이 건강에 좋다고는 하지만, 무조건 그런 것은 아니에요. 2차 대전 중 미국은 군인들에게 지급해야 할 버터가 매우 모자라 곤란을 겪었어요. 이때 버터의 대체 식품으로 등장한 것이 마가린이에요. 마가린은 불포화지방인 식물성 기름을 화학적인 방법을 이용해 포화지방으로 만들어 버터처럼 굳어지게 한 거예요. 하지만 제조 과정에서 모든 분자가 포화지방으로 변하지 않았고 일부는 다시 불포화지방으로 되돌아갔는데, 이때 원래 형태와는 다른 트랜스 형태의 지방이 일부 생성되어 섞였어요. 최근 트랜스지방이 건강에 나쁘다는 연구 결과가 잇달아 발표되면서 사람들은 트랜스지방이 함유된 음식물을 피하고 있지요. 간혹 식물성 버터라는 말이 보이는데, 이는 버터 대체물인 마가린을 말하는 것이니 유제품이라고 착각하면 안 되겠지요?

Q #필수영양소 #포화지방산 #불포화지방산 #기름 #에너지_저장 #생명체_유지 #분해-대사_과정

MSG

오랫동안 오해받고 있는
부뚜막 조미료

오래전, 부잣집 주방에서 사용한다는 마법의 가루가 있었답니다. 조금만 넣어도 음식 맛이 몰라보게 달라져서 일류 요리사도 고개를 숙이고 돌아갔다는 소문이 있었지요. 일본에서 건너와 아지노모토라고 불리던 이 가루는 상표명 그대로 입소문을 탔어요. 얼마 지나지 않아 우리나라에서도 이 가루가 생산되었고, 전국적으로 불티나게 팔렸어요. 이 가루를 생산하는 기업들은 서로 경쟁하며 유통망 확보와 판매에 사운을 걸기도 했답니다. 이 마법의 가루는 바로 MSG예요.

"MSG를 많이 쳤네!" 요즈음 예능에서도 종종 등장하는 말입니다. 그만큼 이야기에 조미료를 더해 맛깔나다는 뜻이에요. MSG의 원래 이름은 글루탐산나트륨monosodium glutamate, MSG이에요. 글루탐산이라는 아미노산에 나트륨을 첨가하여 염의 형태로 만들어서 가루와 같은 결정 형태가 되었지요. 글루탐산이라는 아미노산은 신비로운 물질도 아니에요. 자연계에서 볼 수 있는 단백질을 구성하는 표준 아미노산 중 하나예요. 결국 이 물질은 인간이 처음 만든 것이 아니라, 원래부터 우리 주위에 있었고, 기존에 먹던 음식에 이미 섞여 있어서 별 탈 없이 섭취하던 물질이었던 거죠. 물론 글루탐산 자체와 나트륨이 첨가된 글루탐산나트륨은 원칙적으로 다릅니다. 하지만 결정형인 나트륨염 형태로 바뀌었다고 해서 글루탐산 자체가 가진 화학적 성질이 바뀌는 것은 아니에요. 물론 이것을 먹게 되면 나트륨을 원하지 않게 더 섭취하기는 하겠지만, 우리가 평소에 먹는 나트륨 섭취량을 생각해 보면 이 정도 양은 크게 걱정할 필요가 없을 거예요. 그럼에도 사람들은 왜 MSG에 대한 부정적인 시각을 거두지 못하는 것일까요? 정말 의아한 일이 아닐 수 없어요.

MSG는 지금부터 약 100년 전, 일본 화학자가 다시마로부터 추출하여 특허를 내고 상품화했어요. 우리나라에서는 대략 6·25 전쟁 이후 조금씩 들어와 입소문을 타고 알려지기 시작했어요. 그러다가 1960년대에 우리나라도 MSG를 본격적으로 생산합니다. MSG는 지금도 아주 다양한 음식에 조미료로 사용되고 있어요. MSG 섭취에 대한 불신이 싹트기 시작한 것은 1960년대부터라고 해요. 중국음식점을 즐겨 찾던 한 미국인 의사가 사용한 중국음식증후군이란 용어 때문인 것으로 추측되는데, 그는 중국 식당에서 식사하고 나서 느끼는 매스꺼움과 더부룩함이 중국 음식에 많이 사용되는 MSG 때문일지 모른다고 의심했어요. 이후

MSG 안전성 문제가 사람들 사이에서 언급되기 시작했고 MSG를 의심스럽게 보는 수많은 보고가 줄을 이었어요. 우리나라도 예외는 아니어서 한동안은 MSG를 넣지 않았다는 광고를 해야만 제품이 팔릴 정도였지요. 특히 사람들의 머리에 지우기 힘들에 각인된 'MSG는 화학조미료'라는 생각은 MSG에 대한 거부감을 증폭시키는 역할을 하였답니다.

원래부터 자연계에 존재하던 글루탐산을 결정화한 MSG는 사람들의 생각처럼 화학적 방법으로 생산한 것이 아니에요. 사탕수수나 당밀(사탕수수에서 추출한 원료)을 발효하여 생산하고 있는데, 된장이나 고추장처럼 미생물을 이용해 만들어요. 그럼에도 사람들은 화학조미료라서 건강에 해롭다는 식의 편견을 버리지 못하고 있으니 MSG 입장에서는 억울할 것 같습니다. MSG에 들어 있는 글루탐산은 글루탐산을 처음 추출했다는 다시마 같은 천연 식재료는 물론이고 우리가 즐겨 먹는 간장이나 된장에도 들어 있어요. MSG가 건강에 유해하다는 수많은 보고서 중에서 아직 과학적으로 확실히 증명된 것은 없는데요. 그렇다고 MSG를 무작정 많이 먹자는 이야기는 아닙니다. 과학은 우리가 잘못된 지식 때문에 방황할 때 옳은 길을 알려주는 등불이 될 수 있답니다.

Q   #조미료 #글루탐산나트륨 #아미노산 #나트륨 #염 #자연계에_존재하던_글루탐산의_결정화

단맛

벗어나기 힘든 달콤한 유혹

요즘 사람들은 단 음식을 좋아해요. 남녀노소 예외가 없습니다. 사람들에게 단맛을 전해주는 물질, 감미료는 우리가 매일 먹는 음식물에는 물론이고 술이나 의약품에도 사용되고 있어요. 감미료는 설탕 외에도 종류가 정말 다양하답니다. 무설탕이라고 적힌 제품에 적힌 성분을 본 적이 있나요? 설탕이라는 글자는 보이지 않지만, 아스파탐, 알룰로스, 스테비아 같은 대체당이 들어 있어요. 옥수수를 달게 하려고 옛날에는 사카린을 넣어 찌기도 했고요. 껌이나 사탕에 들어 유명한 자일리톨도 감미료고요, 일부 술에 첨가한다는 스테비오사이드도 있어요. 단맛은 원초적인 미각이지만, 현대과학은 단맛의 화학적 본질을 정확히 알지 못하고 있답니다. 우리가 사용하는 감미료 대부분은 우연한 발견으로 얻어졌어요.

인류의 역사를 되돌아보면 단맛과 관련된 다양한 사건과 에피소드가 있답니다. 대개는 문학적 소재로 사용되는 낭만적인 이야기들이겠지만, 매우 충격적인 사건들도 있어요. 그중 로마인이 즐겨 먹었다는 연당sugar of lead에 관한 기록은 지금의 상식으로 보면 매우 놀랍답니다. 로마인들은 납을 덧대어 만든 그릇을 많이 사용했는데, 언젠가부터 납을 덧댄 그릇에 포도주를 넣어 끓여 만든 달콤한 시럽인 사파sapa에 중독되었어요. 포도주와 납이 만나 만들어진 사파의 주성분은 아세트산납이었어요. 이 물질은 인체에 치명적인 중금속 화합물입니다. 일부 역사가들은 강성했던 로마제국의 쇠락 원인을 납중독에서 찾기도 한답니다. 사실 로마인들은 납 그릇과 연당 이외에도 상수도관의 재료로 납을 사용했다고 하니, 이런 추론이 전혀 근거 없다고만은 할 수 없어요. 이후에도 사람들은 오랫동안 단맛을 내는 물질과 원료를 찾아 대양과 대륙을 헤맸어요. 그렇게 해서 콘시럽, 사탕수수, 사탕무 등을 발견했습니다.

현재 우리가 가장 흔하게 사용하는 감미료는 무엇일까요? 바로 설탕sugar, sucrose이지요. 설탕 분자는 과당과 포도당이 결합한 형태인데, 주로 사탕수수와 사탕무와 같은 천연 원료로 만들어져요. 현재 전 세계에서 생산하는 설탕의 양은 연간 약 1.8억 톤 정도나 된다고 합니다. 사람들의 설탕 소비량이 얼마나 대단한지 짐작할 수 있겠죠? 이제는 주요 생필품이 된 설탕은 전쟁이나 재난으로 공급에 차질이 생기면 가격이 폭등하고 이로 인해 수많은 식품과 서비스 요금에 영향을 준답니다. 설탕 가격 변동은 세계 경제에 큰 영향을 주는 요인 중 하나예요. 한편 설탕의 공급이 오랫동안 부족하게 되면 설탕을 대체하는 유사 감미료들이 유통되어 사람들의 건강을 위협하는 경우도 발생한답니다. 실제로 2차 대전 당시 일본에서는 유사 설탕의 유통으로 많은 사람이 목숨을 잃는 사례가 발생했답니다.

한편 비만이나 당뇨 같은 성인병 때문에 설탕을 꺼리는 사람도 많죠. 이런 사람들에게는 설탕의 대체제로 인공감미료가 사용되기도 하지요. 최초의 저칼로리 인공감미료는 1897년 독일의 화학자가 발견한 사카린saccharin이었어요. 사카린은 설탕보다 약 110배나 더 달고 체내에서 분해되지 않고 배설되기 때문에 아주 훌륭한 저칼로리 감미료였지만, 오랫동안 유해성 논란으로 외면을 받았어요. 요즘에는 아스파탐aspartame이 인공감미료로 널리 사용되는데, 다양한 다이어트 음료와 식품들에 이 아스파탐이 사용되고 있답니다. 하지만 페닐케톤뇨증 같은 특별한 질병이 있는 사람은 아스파탐을 먹어서는 안 된다고 해요. 달콤한 맛의 유혹은 사람들을 쉽게 매혹시키는 한편 또 쉽게 의심하게 만드는 것 같아요. 로마의 사파 중독 같은 비극적 역사가 현대에는 되풀이되지 않겠지만, 건강을 위해 지나친 단맛에 길들지 않도록 절제하는 것이 필요합니다.

#감미료 #대체당 #과당 #포도당 #성인병 #인공감미료 #단맛에_중독되지_않도록_주의해요

청량음료

산뜻하고 시원한
음료에 담긴 과학

요즘은 예전보다 여름이 더 덥게 느껴집니다. 단지 느낌만은 아닐 테고 기후변화, 자동차 보유 대수 증가 그리고 도시화 등등이 원인일 거예요. 여름이면 사람들은 더위를 피해 산속이나 바다로 휴가를 떠납니다. 어쩌면 휴가보다 시원한 청량음료 한 잔이 더위를 달래는 데는 더 효과적일지도 모르겠어요.

우리가 자주 마시는 청량음료에는 어떤 것들이 들어 있을까요? 청량음료의 제조 공식을 둘러싼 흥미로운 이야기들은 오랫동안 사람들 입에 오르내리곤 했습니다. 특히 코카콜라는 미국 본사에서도 정확한 성분과 그 함량에 관한 공식을 한두 명만 알고 있을 정도로 무엇이 얼마나 들어가는지는 일급비밀이라는 얘기가 떠돌았어요. 이런 이야기가 사람들에게 설득력 있었던 이유는 콜라와 같은 혼합물의 성분과 비율 등은 첨단화된 분석 기구를 이용하여도 정확하게 알아내기 어려운 경우가 많기 때문이에요. 그렇다고 해도 대다수의 청량음료가 물, 이산화탄소, 설탕의 혼합물이라는 것은 분명합니다.

청량음료가 사람들의 입맛을 사로잡은 이유는 뭐니 뭐니 해도 물에 녹아 있는 이산화탄소CO_2에 의해 생기는 거품 때문일 거예요. 뚜껑을 딴 지 오래된 청량음료를 두고 우리는 "김이 빠졌다"라고 해요. 이산화탄소가 공기 중으로 날아가버리면 밍밍한 맛의 설탕물만 남습니다. 이쯤 되면 과학을 잘 모르는 사람들도 물에 녹아 있는 이산화탄소의 양이 온도나 압력과 같은 조건에 따라 변하게 된다는 사실을 짐작할 수 있을 거예요. 압력을 먼저 볼까요? 액체에 녹는 기체의 양은 압력에 비례해서 증가해요. 즉 병 안의 압력이 높으면 더 많은 기체가 물에 녹게 되는 거죠. 따라서 높은 압력으로 밀봉한 병 안에 있는 청량음료는 낮은 압력에 있는 것보다 많은 이산화탄소를 가지고 있답니다.

우리가 마시는 청량음료병 안의 압력은 대기압(약 1기압)보다 훨씬 높은 3기압 정도예요. 그래서 병 뚜껑을 딸 때 "펑!" 하는 소리가 나고, 또 병 뚜껑을 딴 후 생기는 압력 감소 때문에 녹아 있던 기체의 양이 감소하며 기포가 올라오는 거예요. 과학에서는 이런 현상을 헨리의 법칙Henry's law이라고 부릅니다. 헨리의 법칙은 단순히 청량음료 속 과학만 설명해주는 것이 아니에요. 수중 호흡기를 지니고 깊은 물에 잠수하는 스쿠버 다이빙이나 오르기 힘든 높은 산을 오르는 레포츠를 즐기는 사람이 많은데, 물속에서 그리고 높은 산에서 압력이 바뀌면서 잠수병과 고산병에 걸릴 수 있어요.

몸속 혈액에는 호흡한 공기가 녹아 있어 몸 구석구석 세포로 전달되죠. 그런데 깊은 바닷속으로 잠수하면 우리 몸은 수면 위보다 높은 압력에 노출되고 혈액에 녹는 공기의 양은 증가합니다. 만약 잠수를 마치고 수면으로 급히 올라오게 되면 압력이 갑자기 감소하는데, 이때 혈액에 과량으로 녹아 있는 공기는 기포 형태로 방출되고 미세한 모세혈관을 막습니다. 잠수병은 매우 치명적이어서 심하면 목숨을 잃을 수도 있어요. 높은 산에 오를 때 나타나는 고산병은 이와는 반대로 압력이 감소해서 혈액에 녹는 산소의 양이 줄어들어 생기는 문제예요. 청량음료에서 배울 수 있는 과학적 현상이 우리 몸과 관계된 여러 가지 위험과 문제를 설명해줄 수도 있네요.

🔍 #물+이산화탄소+설탕_혼합물 #콜라 #압력 #기압 #기포 #헨리의_법칙 #세포_전달 #우리_몸

비타민

생명의 아민,
남용하면 안 돼요!

요즘에는 비타민을 '약'이라고 부르는 사람이 없습니다. 누구나 쉽게 비타민을 접할 수 있다는 뜻인데요. 그럼에도 우리에게 비타민만큼 흔한 약은 또 없을 거예요. 여러분 집에도 비타민 약통 하나쯤은 있지 않나요? 비타민vitamin 혹은 vitamine이라는 말은 'vita' 와 'amine'이 결합해서 생긴 단어로, '생명의 아민'이라는 의미예요. 아민amine은 탄화수소에 아미노기-NH₂가 작용기로 결합된 형태의 유기물질입니다. 주로 단백질 성분으로 이루어진 동식물의 몸체가 부패할 때 생겨나요. 생선 비린내나 음식물 쓰레기 냄새 등 우리가 일상에서 경험하는 불쾌하고 역한 냄새는 아민과 관련되었을 가능성이 매우 높답니다. 아민은 염기성 물질이에요. 우리가 생선 요리를 먹을 때 비린내를 없애기 위해 산성을 가진 레몬즙을 뿌리는 것도 그 때문이지요.

　인류는 오랜 역사에서 수많은 질병으로 고통을 겪어왔어요. 마땅한 치료제와 의료지식이 없었던 시절에는 음식물로 병을 치료하려는 민간요법이 크게 유행했지요. "어떤 병에는 어떤 음식이 효과가 있다."라고 하는 민간 속설도 그런 이유에서 나온 거예요. 이런 속설 대부분은 큰 효과가 없었지만, 일부 효과를 보이는 것도 있었답니다. 대항해시대에는 장기간 배를 타야 했던 선원들이 겪었던 원인 모를 질병을 라임과 레몬이 예방해주었어요. 당시만 해도 대부분의 과학자는 사람들이 앓는 질병이 박테리아와 같은 병원균에 의해 발생한다고 믿었답니다.

20세기 초 폴란드 화학자 풍크는 쌀겨에서 각기병에 효과가 있는 물질을 추출했어요. 그 물질은 질소화합물인 아민의 한 종류였기 때문에 풍크는 이 물질을 우리 몸에 꼭 필요한 필수 물질일 것으로 생각했고, 비타민이라고 이름붙였답니다. 요즘 사람들은 각기병을 잘 모르지만, 한두 세대 전만 하더라도 각기병은 우리 주위에서 심심치 않게 볼 수 있는 질병 중 하나였어요. 비타민 B_1의 부족으로 발생하는 각기병은 식량 공급이 불충분하고 균형 잡힌 식사를 할 수 없는 사람들에게 주로 발생했지요. 역사를 보아도 사람들이 오랫동안 각기병으로 고생했던 흔적이 보입니다. 풍크가 비타민을 발견한 이후 비슷한 기능을 하는 필수 물질, 즉 비타민은 계속 발견되었고 현재는 수십 종의 비타민이 우리에게 알려져 있답니다. 그중에서도 비타민 C는 인공적인 방법으로 합성해서 사람들이 값싸고 편리하게 복용할 수 있어요. 오늘날 비타민은 생명 활동에 꼭 필요하지만, 우리 몸에서 스스로 합성하지 못하는 물질을 일컫습니다. 이제는 비타민이라고 해서 반드시 아민을 의미하는 것이 아니지요. 예를 들어, 비타민 A는 아민으로 분류되지 않지만, 비타민이라고 불립니다.

알약으로 나온 비타민 대부분은 삶의 질을 높이는 데 도움을 줍니다. 하지만 우리는 비타민을 대할 때 주의해야 해요. 비타민은 보통 의사의 처방전 없이도 자유롭게 구입할 수 있죠. 그래서 신뢰성이 떨어지는 풍문이 많아요. 소문만 믿고 과량으로 또 불필요하게 복용하는 경우가 많습니다. 비타민의 유-무익과 관련해서는 아직도 수많은 논쟁이 있어요. 딱히 무엇이 좋고 어떤 것이 나쁘다고 단정 짓기는 어렵지만, 필요 이상으로 먹지 않도록 주의해야 합니다. 더불어 어떤 원료에서 얻은 특정 비타민, 예를 들면 천연비타민 등이 무조건 좋다는 식의 마케팅도 걸러서 들을 필요가 있어요. 건강을 유지하는 데 꼭 필요한 정보라고 해도 지나치게 맹신한다면 그것은 과학이 아니라 미신이 될 수 있습니다.

#생명의_아민 #유기물질 #염기성 #민간요법 #각기병 #균형_잡힌_식사가_중요해 #남용_금지

카페인

신비로운 영약일까
해로운 물질일까?

여러분은 커피를 즐겨 마시나요? 에너지 음료는요? 거리에 있는 수많은 카페caffe, cafe만 봐도 짐작할 수 있지만, 카페인이라는 이름은 카페, 곧 커피와 관련이 있어요. 카페인은 'coffee'와 'amine'이 합쳐져 만들어진 단어예요. 커피에 있는 아민이란 의미입니다. 19세기 초 한 독일 과학자가 커피콩으로부터 각성 효과가 있는 흥미로운 물질을 분리했고, 이를 통해 사람들이 카페인을 직접적으로 만나게 되었어요. 그 이전에도 커피를 즐기는 문화는 아랍과 유럽 전역에 퍼져 있었지요. 커피는 원산지인 아프리카에서 이슬람 문화의 전파경로를 따라 중동을 거쳐 기독교와 이슬람 문명의 충돌 기간에 유럽으로 흘러들어왔어요. 음악가 바흐Johann Sebastian Bach가 커피를 주제로 한 칸타타(바로크 시대에 유행하던 악극)를 작곡했을 정도입니다. 유럽에서 커피 열풍은 대단했답니다. 흥미로운 점은 이미 그 시대에도 사람들은 커피가 몸에 해로울까 봐 걱정했다는 것입니다. 바흐의 커피 칸타타에도 그런 내용이 담겨 있답니다. 지금도 커피나 카페인이 든 에너지 음료와 같은 카페인 음료를 즐기는 이들 중에서 카페인이 몸에 이롭다고 생각하는 사람은 그리 많지 않을 거예요.

카페인은 커피, 코카나무 같은 식물의 열매나 잎에서 주로 발견되는 질소 성분의 유기물질로, 흔히 알칼로이드alkaloid계 물질이라고 분류합니다. 사실 알칼로이드라는 이름은 화학적으로 딱히 정의할 수 있는 물질명은 아니에요. 다만 식물에서 발견되는 질소 성분의 유기물질로, 특정한 약리 작용을 하는 물질들을 부르는 말로 사용합니다. 사람들이 카페인을 즐기는 이유는 보통 중추신경을 자극하여 졸음을 억제하는 각성효과 때문인데, 음료나 일부 약용으로 사용되지요. 특히 바쁘게 생활하는 도시 사람들이 기호식품으로 카페인을 많이 섭취해요. 그래서 도시화의 정도나 산업화 수준이 높아질수록 사람들의 카페인 의존도 역시 높아지는 것이 일반적이랍니다. 식품 회사들의 매출과 성장에 카페인을 함유한 식음료가 큰 영향을 미치기도 해요. 그래서 상업성을 기반으로 한 카페인 연구들이 범람하고 있어요. 카페인에 대한 자료를 검색하다 보면, 수많은 자료를 만나게 될 거예요. 누구는 카페인이 이롭다고 하고, 또 누구는 카페인이 해롭다고 합니다. 도대체 뭐가 맞는 말일까요?

사람들은 오래전부터 식물에서 추출한 성분 중에서 건강에 이로운 물질을 찾으려고 노력했어요. 그중에는 가끔 신비로운 영약靈藥이라고 알려진 것도 있었지만, 무익하다고 알려진 것도 많지요. 그러나 사람들은 자연에서 추출한 성분을 쉽게 맹신하고 잘못 사용하여 큰 피해를 남깁니다. 카페인은 적은 양을 음용하는 경우 큰 문제가 없지만, 지나치게 많이 섭취하면 안 돼요. 특히 청소년기에 졸음을 피하기 위해 각성 작용을 목적으로 고단위 카페인 음료를 자주 마시는 것은 삼가해야 합니다. 불면증이 생길 수 있음은 물론, 카페인이 철분과 칼슘의 흡수를 방해하는 등 여러 부작용이 있다고 알려져 있어요.

Q   #커피+아민 #커피+열풍 #커피_칸타타 #질소_성분_유기물질 #각성 #기호식품 #다량_섭취_주의

미네랄
미량이지만 꼭 필요한 원소

미네랄mineral은 광물질을 의미하며, 우리 몸을 구성하는 주성분은 아니지만 그렇다고 없어서도 안 되는 무기질 원소들을 총칭하는 말이에요. 지구상에 서식하는 동식물의 몸은 주로 탄소C, 수소H, 산소O, 질소N 등으로 구성된 유기물이라고 말할 수 있지만, 이런 원소들만으로는 완전한 생명 활동을 영위할 수 없으며 여러 다른 원소의 도움이 필요해요. 우리에게 익숙한 나트륨Na, 칼륨K, 칼슘Ca, 인P은 잘 알려진 미네랄들이고, 이외에도 철Fe, 코발트Co, 망간Mn, 구리Cu, 아연Zn 같은 금속 원소도 없어서는 안 될 미네랄입니다. 물론 이들 외에도 아주 미량이지만 더 많은 원소가 우리 몸의 생명 활동에 직간접적으로 연관되어 있어요.

미네랄이 우리 몸에서 하는 작용은 매우 다양해요. 나트륨과 칼륨은 세포의 삼투압을 조절하고 상호 농도 차이를 이용해 신경 전달에 관여하고 또 심장의 박동에도 영향을 주지요. 또 칼슘과 인은 우리 몸의 골격을 만들고 유지해주는 데 중요한 역할을 해요. 철은 혈액의 산소 운반을 담당하는 헤모글로빈을 생성하고 코발트는 비타민 B_{12}를 구성하는 원소로 DNA의 합성과 아미노산과 지방의 대사에 관여하지요. 또 망간, 구리, 아연 등은 다양한 효소 작용에 관여하는 중요한 원소들로 알려져 있답니다. 중요한 것은 이런 미네랄들은 대개 아주 소량만 필요하다는 점입니다. 우리 몸을 구성하는 원소 중에서 미네랄이 차지하는 비율은 질량비로 대략 4% 정도이며 이마저도 칼슘, 인, 칼륨, 황이 대부분이고 나머지는 약 0.1~0.2% 정도예요.

이런 소량의 미네랄이 생명 현상에 큰 영향을 미치게 된 원인은 생물의 탄생과 진화 과정을 생각해보면 자연스럽게 이해할 수 있어요. 지구상의 생명체는 광합성과 단백질의 합성과 유입 등이 이루어진 결과물이겠지만, 지구의 다양한 환경과 그 변화에 적응하는 과정에서 토양과 대기에 존재하는 다양한 원소들의 간섭을 받았을 거예요. 이 과정에서 다양한 미량 원소가 동식물의 세포에 유입되었고 진화를 거치면서 현재의 생명계로 번성하게 되었던 겁니다. 이런 점들을 잘 종합해보면 정상적인 환경에서 생활하는 생물 대부분은 미네랄 결핍을 겪지 않을 거예요. 그러나 환경의 변화가 일어나는 경우 미네랄 결핍으로 인해 몸에 이상이 생길 수 있겠지요.

나트륨이나 칼륨 같은 미네랄은 그 농도가 급격히 변하게 되면 몸의 대사에 큰 지장을 초래하기 때문에 사람들은 염분 섭취를 통해 이에 대비합니다. 하지만, 그 외의 다른 미네랄들은 결핍되어도 한동안은 그 변화를 잘 느끼지 못하는 경우가 많아요. 특히 임신이나 과도한 노동 또 특수한 환경에서 생활하는 사람들은 미네랄 부족으로 고생하는 경우가 많습니다. 심하면 큰 후유증을 남길 수도 있으니 규칙적인 식사와 올바른 생활 습관을 유지해야 해요. 특히 성장기 청소년이라면 편식하지 않고 다양한 음식물을 골고루 섭취해야 몸의 성장과 활동에 유리합니다. 미네랄이 부족해서 특정 질병에 걸릴까 봐 염려된다면 음식물 이외에도 종합 비타민 같은 제제를 복용해서 필요한 미네랄을 공급받을 수 있지요. 가끔 특정 미네랄을 섭취하는 게 마치 만병통치약이라도 되는 양 홍보하는 경우를 봅니다. 그 효과나 실익은 차치하더라도, 미네랄 대부분은 특별한 경우를 제외하고는 고른 음식물 섭취만으로도 충분하다는 것을 알아두면 좋겠어요.

Q   #광물질 #무기질_원소 #생명_활동을_도와주는_원소 #삼투압_조절 #만병통치약은_없어요

에스터

좋은 향이 나는 물질을 가지고 싶어!

사람은 다른 동물에 비해 후각이 덜 예민하다고 하지만, 좋은 향을 탐닉하는 습성은 매우 강합니다. 성경 같은 오래된 문서에도 나오지만, 좋은 향이 나는 물질을 선물하는 것은 상대방에 대한 최고의 예우 중 하나였어요. 그래서 상인들은 훌륭한 향료 물질을 찾아 멀고 낯선 나라를 헤매는 것도 마다하지 않았지요. 물론 주변에서 쉽게 찾을 수 있는 향기로운 꽃이나 과일도 있었지만, 오래 두고 보관하며 그 향을 즐기기는 어려웠어요. 결국 사람들은 더 좋은 향료를 만들 수 있는 원료 물질을 찾아 나섰고, 그 향을 오래 보관할 방법을 궁리했답니다.

좋은 향기에 대한 취향은 매우 주관적인 것이어서 어떤 특정 화학 성분을 향료의 원료라고 정의하기는 쉽지 않아요. 그러나 사람들이 보편적으로 좋아하는 과일이나 꽃에서 향의 원인이 되는 물질은 잘 알려져 있답니다. 에스터ester라는 유기 화합물은 보통 꽃과 과일의 향을 유발하는 물질이에요. 특히 에스터 중에서 분자량이 비교적 작은 것들은 쉽게 기화될 수 있어요. 장미나 백합의 깊고도 은은한 향, 딸기, 사과의 상큼한 향, 식욕을 자극하는 케이크나 과자의 달콤한 향 외에도 우리가 매일 즐기는 각종 식품과 공산품에서 나오는 비슷한 향들은 대개 에스터 때문이에요.

에스터는 천연 원료에서 추출할 수도 있지만, 화학적인 방법으로 비교적 쉽게 합성할 수 있어요. 카복실산과 알코올을 섞어 열을 가하여 반응시키면 에스터가 생성되고, 이때 물$_{H_2O}$이 같이 생성됩니다.

$$카복실산 + 알코올 \rightleftarrows 에스터 + 물$$

이 반응을 역으로 생각하면 우리가 과일이나 꽃을 말려서 보관했을 때 그 향을 더 오래 간직할 수 있는 이유를 이해할 수 있어요. 에스터가 생성될 때 물이 함께 생성되는 것은 반대로 에스터가 수분과 반응하면 카복실산으로 분해될 수 있다는 의미이지요. 따라서 수분을 차단해주는 것이 에스터의 향을 오래 간직할 방법인 거예요. 더불어 오래된 과일이나 꽃은 특유의 좋은 향이 사라지고, 시큼하고 불쾌한 향이 났던 것도 사실은 에스터가 공기 중의 수분에 의해 분해되어 카복실산으로 변했기 때문이에요. 또 에스터를 주원료로 한 향료들을 알코올 등과 함께 섞어 판매하는 것은 공기 중의 수분을 차단하기 위한 공정이에요. 에스터는 자연에서 쉽게 얻을 수 있는 물질이지만 천연 재료만으로는 수요를 맞출 수 없어서 상당 부분은 화학적인 방법으로 만들어져요. 이 때문에 에스터류 향신료의 원료가 천연물인지 아닌지를 의심하고 걱정하는 사람들도 더러 있지요. 사실 이 문제는 에스터 자체보다 향료에 함께 섞어 사용하는 각종 첨가제에 대한 문제가 더 큰지도 모르겠어요. 요즘 우리 주변에는 값싼 향료들이 범람하고 있기 때문이기도 하고요. 사실 이런 민감한 문제에 대해서는 누구나 만족할 수 있는 명확한 해답을 제시하기는 어렵지요. 분명한 것은 어떤 물질이든지 안전기준을 만족하는 제품을 과하지 않게 사용하는 지혜가 필요하다는 점이에요.

$$CH_3C{-}O{-}C_3H_7$$

⬆ 아세트산프로필(Propyl acetate)

#향기 #유기_화합물 #기화 #가복실산 #수분 #향료 #꽃 #안전기준에_따른_사용이_필요해

가스 냄새

부탄가스는 원래
냄새가 전혀 없다고요?

냄새는 사람들의 호불호를 명확히 가릅니다. 익숙한 냄새에는 친
근감을 느끼지만, 낯선 냄새에는 불쾌감을 표시하는 경우가 많아
요. 후각은 기체상으로 물질이 아주 소량만 있어도 감지합니다.
그래서 사람들에게 아주 민감한 문제를 일으키곤 해요. 우리나라
사람들은 평소 마늘을 자주 접하고 또 먹어서 그 냄새 자체가 딱
히 불쾌하지 않지요. 그러나 서양에서는 마늘 냄새를 아주 싫어
하는 사람이 많아요. 그 때문인지, 옛날 서양 풍습에 흡혈귀 드라
큘라가 마늘을 보면 도망간다는 속설까지 있을 정도지요.

마늘과 양파의 자극적인 냄새는 바로 싸이올thiol이라는 유기
물질 때문에 나는 거예요. 싸이올은 우리에게 친숙한 알코올과
매우 유사한 구조를 가진 물질이에요. 알코올은 분자 내에 −OH
작용기를 갖는 물질이지만, 싸이올은 황s 원자가 산소 원자를 치
환한 형태예요. 즉 −SH 작용기를 가진 물질인 거죠. 메테인 싸이
올CH₃SH처럼 분자량이 작은 싸이올들은 대개 무색의 기체상 물

질로, 아주 불쾌한 냄새를 내는 것으로 알려져 있답니다. 싸이올의 이런 불쾌한 냄새는 때론 위험한 물질의 분출을 쉽게 인지할 수 있도록 도움을 주는 첨가물로 사용돼요.

싸이올에서 대체 어떤 냄새가 나냐고요? 가스버너를 이용해 상에서 고기를 구워 먹거나 찌개를 먹을 때, "어? 가스 새는 냄새가 나는데?" 하고 불을 끄거나 가스를 교체한 적이 있을 거예요. 그때 맡은 냄새라면 알고 있지요? 가정에서 조리나 난방용 연료로 사용하는 가스는 대개 우리가 부탄가스라고 알고 있는 뷰테인가스나 프로페인가스입니다. 이들은 원래 무색무취인 기체예요. 색깔이나 냄새가 전혀 없는 이런 연료들이 혹시라도 누출되어 폭발 사고로 이어진다면 엄청난 피해가 예상되지요. 그래서 이런 기체의 누출을 쉽게 인지하도록 제조 과정에서 미량의 싸이올을 섞어 판매하고 있답니다. 그 덕분에 우리가 특정한 냄새를 가스 냄새로 기억하고 조금만 누출되어도 이상을 느끼고 바로 대응할 수 있는 거예요. 우리나라에서는 자연 상태에서 스컹크를 볼 기회가 없지만, 미국 도로에서는 스컹크와 자동차가 충돌하는 사고가 종종 일어납니다. 이런 사고가 일어난 다음 그 근처에는 아주 오랫동안 지독한 가스 냄새가 남아 있다고 해요. 문제는 한국 유학생들이 그 냄새를 맡고는 가스 유출로 오인해서 경찰이나 소방서에 신고하는 경우가 있답니다. 우리는 스컹크가 위급한 상황에서 고약한 냄새를 뿜어 위기를 면하는 동물이라고 알고 있지만 그 냄새가 구체적으로 어떤 냄새인지는 잘 모르지요. 스컹크가 뿜는 그 고약한 냄새도 바로 싸이올 때문이에요.

싸이올은 우리 머리카락에서도 재미있는 작용을 합니다. 머리카락은 단백질로 이루어져 있으며, 이들 단백질은 서로 얽혀 사람마다 그 특정한 형태를 유지하고 있지요. 사람 개개인의 머리모양은 머리카락을 이루는 단백질의 긴 사슬들이 황 원자들의 결합-S-S-에 의해 붙들려 있어서 그 형태가 변형되지 않고 유지돼요. 만약 취향에 따라 머리모양을 바꾸려면 황 결합을 끊어야 해요. 미용실에서 펌을 해본 적이 있다면 알 거예요. 헤어스타일을 바꾸기 위해서 환원제를 사용해 머리카락에 있는 황 원자들 간의 결합을 끊어 싸이올-SH 형태로 만드는 거예요. 그러고는 원하는 모양으로 머리를 손질한 후 산화제를 뿌립니다. 산화제는 흔히 과산화수소수를 사용하는데요, 산화제로 다시 황 원자들 간의 결합을 연결하면 새로운 스타일의 머리가 된답니다. 미용실에도 화학 이야기가 숨어 있었네요.

Q #냄새 #불쾌 #자극 #싸이올 #유기_물질 #가스_냄새 #스컹크 #황_원자의_결합을_이용해요

식품첨가물

정체를 알 수 없는 이름,
해롭지 않을까?

우리는 먹거리가 넘쳐나는 시대에 살고 있습니다. 그런데 오히려 안심하고 먹을 것이 없다며 근심하는 사람들도 늘어나는 추세입니다. 불량식품도 아니고 유통기간이 지나 변질이 의심되는 제품이 아닌데도 종종 식품을 불신하곤 해요. 슈퍼마켓의 식품 코너에서 식료품을 고르는 사람들은 식품의 재료와 유통기한을 세심하게 체크하곤 하는데, 이는 건강하고 안전한 음식을 원하기 때문일 거예요. 하지만 가공식품 뒷면을 꼼꼼히 읽다 보면 어쩐지 찜찜하게 느껴집니다. 작은 글씨로 촘촘히 적혀 있는 원재료명과 성분명을 보면, 이름만으로는 무엇인지 알 수 없는 화학 물질들이 가득합니다. 사람들은 이런 첨가물들을 잘 모르기 때문에 혹시나 해로운 것이 아닐지 의심도 하지만, 대부분은 '그래, 먹어도 되니까 팔겠지!' 하고 넘겨버리죠. 그래도 소중한 가족들이 매일 먹어야 하는 식품들이라 의심과 불신을 마음 한편에 쌓아두고 있지요.

식품에는 다양한 이유로 각종 첨가물이 사용돼요. 보존 문제가 가장 중요한 이유인데요, 우리가 사용하는 각종 식재료는 생산지가 다양하고 여러 유통 경로를 거치기 때문에 그 과정에서 변질될 수 있어요. 또 창고나 가정에서 장기간 보관해야 하는 경우도 있고요. 이 과정에서 각종 세균이나 곰팡이가 번식하여 부패하거나 변질되지 않도록 보존료를 허용하는 거예요. 과거에는 음식을 오래 보관하기 위해 소금으로 염장하거나 발효했답니다. 엄밀하게 따진다면 이런 보존 방법도 일종의 첨가물을 넣는 것이지요. 소금을 넣어 염도가 증가하고, 발효과정에서 생성된 젖산과 같은 산성 물질로 세균과 곰팡이의 증식이 억제되었습니다. 하지만 이런 음식들은 지나치게 짜거나 시고, 특이한 풍미가 있어 사람들의 호불호가 갈리기 마련이죠.

　　요즘은 음식에 대한 요구가 너무나 다양하고 또 까다로워서 발효나 염장만으로는 사람들의 기대를 충족하기 어렵습니다. 결국 식품 본연의 맛을 유지하게 해주는 다양한 인공 첨가물을 사용할 수밖에 없어요. 여기서 기초 화학지식을 가지고 있다면 첨가제의 작용을 비교적 어렵지 않게 이해할 수 있답니다. 흔히 사용하는 식품첨가물로는 보존제, 산화방지제, 산도조절제, 유화제가 있어요. 식품첨가물에 관한 표시란에서 가장 흔히 볼 수 있는 첨가제로는 안식향산(혹은 안식향산나트륨, 벤조산 혹은 벤조산나트륨으로 불림)과 소르빈산(혹은 소르빈산 나트륨)이 있어요. 이 물질들은 카복실산의 일종으로, 유해균 증식을 억제한답니다. 또 산도조절제 역시 세균의 증식을 억제하는 용도로 사용돼요. 가끔 황산이나 수산화나트륨을 사용하기도 하지요. 이런 첨가물이 식품에 들어 있다니, 놀랐나요? 허용된 기준에 따라 소량을 사용하면 인체에 무해하니 안심해도 좋을 거예요. 한편 빵이나 과자류처럼 풍미를 오래 유지해야 하는 식품에는 산화방지제를 첨가해요. 대표적인 산화방지제로는 EDTA, 부틸하이드로퀴논 등이 있답니다. 또 기름과 수분이 잘 혼합되도록 하여 식품의 질을 높이는 카제인나트륨이나 레시틴 같은 유화제도 자주 사용되는 첨가제예요.

이외에도 수많은 식품첨가물이 있으나 전문가가 아니면 그 용도나 특징을 알기는 어렵습니다. 이렇게 많고 다양한 첨가제가 식품에 사용된다는 사실에 놀라기도 하고 또 유해성을 강조하는 사람도 많아요. 그러나 첨가제가 없어서 발생할 수 있는 식중독 문제나 여타 식품 사고를 생각하면 무조건 이런 물질들을 부정적으로만 볼 수는 없어요. 사람들이 만든 대부분의 물질은 긍정적인 면과 부정적인 면을 모두 갖고 있으니까요.

#인공_첨가물 #보존제 #산화방지제 #산도조절제 #유화제 #유해균_증식_억제 #장점+단점

옥수수와 유전자조작

주식으로 또 간식으로
인류와 함께한 식품

인류의 생존 역사를 보면 안정된 식량 확보를 위해 힘겨운 투쟁을 계속해왔다는 걸 알 수 있어요. 우리 인류는 정착한 지역의 기후와 토질에 맞는 다양한 종류의 곡식을 재배하여 식량으로 사용했죠. 우리나라에서는 오랫동안 쌀을 주식으로 이용했지만, 최근에는 쌀의 소비가 급격하게 줄고 그 대신 밀과 옥수수 소비가 늘어나고 있답니다. 여러 나라 기록물을 살펴보면 사람들이 즐겨 먹던 다양한 곡식들에 대한 정보가 꽤 있다는 것을 알 수 있는데요. 주로 밀에 대한 기록이 대부분이고, 옥수수에 대한 자료는 비교적 귀한 편이에요.

오늘날 우리는 옥수수를 주식이라기보다는 간식으로 생각하지만, 생각보다 옥수수는 쓰임새가 광범위해요. 식용유, 마가린, 마요네즈 등 식료품에서부터 접착제, 페인트 제거제, 포장용지, 엽총의 탄피나 골프 티 그리고 최근 관심을 끄는 에탄올을 이용한 자동차 연료에 이르기까지 그 용도가 정말 다양해요.

옥수수의 원산지는 아메리카 대륙에 위치한 페루입니다. 1492년 콜럼버스가 신대륙을 발견한 후 옥수수는 유럽을 통해 전 세계로 퍼졌어요. 그래서 밀에 비해 상대적으로 늦게 알려졌지요. 아메리카 대륙 선주민들은 오랫동안 옥수수를 재배하여 식량으로 사용했는데, 그 역사는 적어도 기원전 5000년으로 거슬러 올라간답니다. 현재 우리기 먹는 옥수수는 야생종을 육종으로 개량한 거예요. 옥수수는 껍질에 덮인 상태로 수확되는데, 이 상태로는 자연적인 번식이 불가능해요. 왜냐하면 씨앗이 껍질을 뚫고 퍼질 수 없기 때문이죠. 낱알을 드러내는 야생 옥수수가 해충의 공격을 받자, 사람들은 오랜 시간을 걸쳐 품종을 개량해서 오늘날 우리가 보는 껍질에 싸인 옥수수를 만들어냈어요.

옥수수의 주성분은 탄수화물인 녹말, 즉 글루코오스$C_6H_{12}O_2$의 중합체예요. 이외에도 약간의 포도당과 단백질을 가지고 있습니다. 옥수수에 포함된 단백질은 질적인 면에서 좋지 않아요. 특히 사람들에게 꼭 필요한 필수 아미노산인 트립토판과 라이신이 거의 함유되어 있지 않죠.

또 비타민 B 복합체 중 하나인 니아신 함량이 매우 적어서 옥수수를 주식으로 사용하게 되면 펠라그라pellagra라는 특별한 질병에 걸리는 경우가 많아요. 펠라그라는 옥수수를 주식으로 하던 미국 농부들과 인디언, 우리나라에서는 강원도 산골에 사는 주민들에게 발생하던 피부병의 일종입니다. 처음에는 불결한 식사에 의한 박테리아 감염으로 생긴 병이라고 오해하기도 했어요. 하지만 같은 옥수수를 먹더라도 야채와 육류를 같이 먹는 사람들에게는 발병하지 않는다는 것이 밝혀졌고, 균형 잡힌 식사가 건강에 얼마나 중요한가를 나타내는 영양학의 사례가 되었어요.

영양학적인 면에서 일부 부족한 면이 있지만, 옥수수는 아직도 지구상의 많은 인종이 주식으로 이용하는 중요한 곡식입니다. 최근에는 인위적으로 유전자를 조작해서 병충해에 강한 옥수수가 생산되어 유해성 논란의 중심에 있기도 해요. 그러나 인류가 오랜 시간을 통해 육종하여 얻은 현재의 옥수수 품종도 결과적으로는 유전자의 변형으로 얻은 것임은 분명합니다. 중요한 점은 급하게 유전자를 조작해서 품종 개량을 하다 보면 자칫 사람과 환경에 해를 끼칠 수 있는 부분은 놓치기 쉽다는 거예요.

질소산화물

무섭고도 고마운 물질이랍니다!

질소는 무척 안정한 물질이지만 산소와 반응하면 다양한 형태의 산화물이 만들어져요. 그중에서 우리가 주변에서 흔히 만나게 되는 것으로는 아질산과 질산이 있지요. 아질산의 '아亞'는 원래 무언가 비슷하거나 약간 모자란 것을 나타낼 때 사용하는 한자어랍니다. 아류작 혹은 아열대와 같은 단어를 생각해보면 그 의미를 이해할 수 있지요. 아질산은 '질소에 산소가 결합했는데 부족하게 결합했다.'라는 의미를 내포합니다. 아질산의 화학식은 HNO_2이며 나트륨 같은 원소와 결합하여 염의 형태$NaNO_2$, 아질산나트륨로 존재하기도 해요. 산소와 덜 반응한 아질산 이온은 주변의 산소와 쉽게 반응하여 '아'라는 글자를 떼어버리고 질산 이온이 될 수 있어요. 이 때문에 아질산 이온 혹은 아질산염은 어떤 제품의 산화를 방지하는 첨가제로 사용될 수 있답니다. 실제로 아질산나트륨은 소시지, 햄, 베이컨 등 육류 가공품에 산화방지제로 쓰이고, 방부제, 발색제 역할을 하는 첨가물로 사용됩니다. 우리가 주로 먹는 육가공품들의 고운 선홍빛 색깔은 아질산나트륨의 역할이 커요. 이는 시중에서 피클링솔트라는 이름으로 판매되고 있어요. 하지만 이 물질은 규정 이상으로 많은 양을 사용하면 인체에 해롭다고 알려져 있으니 지나친 가공 육류의 섭취는 자제해야 하겠지요.

질산의 화학식은 HNO_3입니다. 아질산보다 산소를 하나 더 많이 갖고 있어요. 이것도 아질산과 마찬가지로 염(질산나트륨 혹은 질산칼륨)의 형태로 존재할 수 있지요. 사람들은 오래전부터 질산염에 큰 관심을 두고 있었는데, 폭발물로 쓸 수 있기 때문이었어요. 대포나 총은 물론 놀이용 폭죽에도 사용하는 검은색의 화약은 질산칼륨과 숯 그리고 황 등을 섞어 만든 거예요. 숯과 황은 불에 잘 타기 때문에 산소를 풍부하게 함유한 질산칼륨이 이들에게 빠르게 산소를 공급해주는 역할을 해서 폭발을 일으키는 거죠. 질산염은 주로 돌과 같은 광물의 형태라서 흔히 초석이라는 이름으로 불렸답니다. 앞에서도 초석에 대해 잠시 언급한 적이 있지요? 과거에는 초석을 많이 확보하는 것이 국방력을 튼튼히 하는 중요한 일이었답니다. 근대 이전 많은 국가는 대규모 초석 광산을 확보하기 위해 부단한 노력을 기울였어요. 과거 영국이 막강한 군사력을 가질 수 있었던 것도 식민지였던 인도의 초석 광산 덕분이었고요. 한편 우리나라는 초석 산지가 거의 없어 화약을 제조하는 것이 매우 어려웠답니다. 기록을 보면 고려 시대에 화포를 개발한 최무선 장군은 오래된 재래식 화장실 부근의 흙을 이용하여 화약의 원료가 되는 물질을 만들었다고 해요. 아마도 화장실 부근에 있던 흙은 암모니아 성분이 산화되어 질산염 형태였을 테니까요. 한편 폭약의 대명사처럼 쓰이는 다이너마이트(니트로글리세린)나 TNT(트리니트로톨루엔) 등도 제조 과정에서 질산이 필수적으로 사용돼요.

질소산화물은 농작물의 생산량을 높이는 비료나 의약품의 제조에도 사용됩니다. 농작물의 질소 공급원으로 흔히 사용하는 질소 비료는 질산염의 일종인 질산암모늄NH_4NO_3이에요. 이 때문에 농가 인근에 있는 비료 창고에서 발생한 화재가 자칫 엄청난 폭발 사고로 이어질 수 있으니 각별한 주의가 필요하답니다. 한편 질소 비료를 많이 사용하면 질산 이온으로 인한 토양 산성화 때문에 오히려 작물의 생산이 감소할 수 있다는 점도 알아야 해요. 농부들이 밭에다 석회석을 뿌리는 이유는 산성화된 토양을 중화시키려는 목적이죠. 한편 질산염의 산화질소는 인체에서 혈관을 확장하는 작용을 하는 것으로 알려져 있어요. 이 때문에 산화질소가 결합해 만들어진 니트로글리세린은 심장병 환자의 치료용 약물로 사용되고 있답니다.

#질소와_산소의_반응 #아질산 #질산 #비료 #의약품 #질산암모늄 #보관_주의 #토양_중화

아스피린

명약 중의 명약

인간은 생명 연장과 질병 없는 건강한 삶을 영위하기 위해 늘 고심하고 노력합니다. 이 때문에 세상에는 수많은 의약품이 존재하며 지금도 새로운 약물이 계속해서 개발되어 쏟아지고 있어요. 그중에서 아스피린aspirin만큼 오랫동안 인류의 삶에 큰 영향을 미친 의약품은 드뭅니다. 아스피린은 다양한 질병에 약효를 보이는 의약품으로, 전 세계에서 매년 10만 톤 이상 소비되고 있으며 우리나라에서도 연간 약 20억 원어치 이상 판매된다고 해요.

아스피린의 역사는 기원전으로 거슬러 올라간답니다. BC 5세기경, 그리스 의학자 히포크라테스가 해열과 진통의 효과를 얻기 위해 버드나무 껍질을 달인 물을 사용했다는 기록이 있어요. 물론 당시에는 버드나무에 있는 어떤 성분이 이러한 약효를 내는지는 몰랐고, 단지 오랜 경험에서 얻은 민간요법 같은 지식이었을 거예요. 19세기에 들어서 사람들은 버드나무 껍질의 해열 작용은 야생 조팝나무류에서 발견되는 살리실산salicylic acid에 의한 작용임을 밝혔어요. 이때부터 사람들은 살리실산을 직접 추출해서 복용하기 시작했답니다. 그러나 살리실산 추출물을 직접 복용하는 데에는 약간의 문제가 있었어요. 살리실산 추출물은 우선 냄새가 매우 고약했고, 복용 후에는 위장 장애를 일으키는 고질적인 부작용이 있어 사용을 꺼리는 사람도 많았답니다. 1897년 독일 제약회사인 바이엘사에서 근무하는 화학자 호프만 Felix Hofmann은 만성 류머티즘에 시달리는 자신의 아버지가 살리실산 부작용으로 고생하는 것을 보았어요. 호프만은 살리실산의 화학 구조를 바꾸어 변형된 약품을 만들기로 하고, 이를 합성하는 연구를 했답니다. 이 연구가 성공해서 만들어진 것이 바로 최초의 아스피린(아세틸 살리실산)이에요. 아스피린 aspirin이라는 말은 살리실산을 얻는 데 사용되었던 조팝나무의 학명인 스피라이아 spiraea와 호프만이 화학적인 방법으로 붙인 분자 구조인 아세틸 acetyl을 조합해 만들어진 이름이에요. 초기 아스피린은 알약이 아닌 분말 형태로 시판되었으며, 오늘날과 같은 정제로 시판된 것은 1915년부터랍니다.

해열-진통으로 대표되는 아스피린의 약리 작용이 밝혀진 것은 1970년대의 일이에요. 아스피린은 효소 작용을 방해하여 발열, 통증, 염증의 원인이 되는 프로스타글란딘이라는 화합물의 생성을 억제하는 것으로 알려져 있어요. 아스피린의 약리 작용이 밝혀진 덕분에 그 부작용을 최소화하는 대체 의약품들도 속속 개발되기 시작했지요. 아스피린이 가진 가장 고질적인 문제는 위장 출혈을 일으킨다는 위험성이에요. 아스피린 분자는 위벽을 통과할 때 세포를 손상해 국부적인 출혈을 유발할 수 있는데, 특히 정제가 녹지 않고 위벽에 붙어 있을 경우 더 잘 발생할 수 있다고 알려져 있어요. 이 때문에 최근에 시판되는 아스피린은 매우 신속하게 분해되도록 만들어집니다. 한편 아스피린의 문제점을 보완한 대표적인 약품으로, 아세트아미노펜(타이레놀), 이부프로펜(부루펜, 혹은 미국명 Advil) 등이 있습니다. 이 약품들은 아스피린에서 부작용을 일으킨다고 생각되는 분자 구조 일부분을 다른 것들로 바꾼 약품들이에요.

최근에는 아스피린이 지닌 새로운 의약적 효과들이 알려졌습니다. 이 때문에 아스피린의 소비량이 증가하고 있어요. 특히 서구인들에게 인기인데요, 심장병을 예방하기 위해 아스피린을 상시로 먹는 경우가 많이 있어요. 반면에 혹시 모를 아스피린의 부작용에 대한 연구도 꾸준히 진행되고 있어요. 의약품의 합성과 안전성에 대한 연구는 과학자들이 계속해서 도전하는 과제 중 하나입니다.

#히포크라테스 #조팝나무 #호프만 #이세틸_살리실산 #약리_작용 #부작용 #대체_의약품

ASPIRIN

Felix Hoffmann

의약품 부작용

아무리 좋다는 약도
모르면 독이에요

우리는 약을 먹을 때 이 약이 내 병을 낫게 해줄 것이라고 믿습니다. 가끔은 설명서에 깨알같이 적혀 있는 부작용 정보를 보고 두려움을 느끼기도 하지만, 대개는 그리 심각하게 생각하지 않아요. 아마도 부작용은 흔히 일어나는 일이 아니라고 생각하고 치료에 대한 기대가 더 크기 때문일 거예요. 하지만 약물의 부작용으로 인해 돌이킬 수 없는 사고도 종종 발생한답니다.

1950년대에 독일에서 생산된 탈리도마이드Thalidomide는 원래 잠을 잘 이루지 못하는 사람들을 위해 수면제로 개발되었어요. 개발 당시 많은 동물실험을 거치면서 거의 부작용이 나타나지 않는다는 것이 확인되었기 때문에 독일과 오스트리아 등지에서는 의사의 처방 없이도 살 수 있는 약품으로 승인되어 판매됐답니다. 그런데 이 약을 먹은 일부 임산부들 사이에서 탈리도마이드가 입덧 완화에 탁월한 효능이 있다는 소문이 돌았어요. 이 소문으로 임산부들 사이에서 탈리도마이드를 복용하는 사례가 빠르게 증가했습니다. 그러던 중 일부 환자들 사이에서 손발 저림 같은 증상이 보고되었는데, 제약회사는 동물실험 결과가 매우 안전했다는 것만 확신한 채 대수롭지 않게 생각했답니다. 또 제조사는 바다 건너 미국에 이 약의 판매를 허가해달라고 요청했고, 미국 식품의약국FDA은 부작용에 대한 보다 세밀한 증거자료를 요구하며 약의 즉각적 판매를 허가하지 않고 있었어요. 그사이 탈리도마이드를 복용한 임산부 사이에서 손과 발이 비정상적으로 짧은 아기들이 태어났어요. 이후 동일한 증상을 가지고 태어난 신생아 수는 1만 명을 넘어 유럽대륙이 공포에 휩싸였습니다. 이것이 바로 인류의 신약 개발 역사에 최악으로 남은 부작용 사건인 '탈리도마이드 사건'이에요.

탈리도마이드의 부작용은 이 분자가 가진 특이한 입체 구조 때문에 발생한 문제였습니다. 앞에서 유기화합물 중에는 완전히 동일한 분자식과 구조를 가지더라도 결합들 사이의 입체적 배열 순서가 달라 성질이 다른 두 개의 분자가 존재할 수 있다고 했지요. 쉽게 설명하면 오른손과 왼손은 모양도 같고 생긴 것도 완전히 같아 보이지만 한 손 위에 다른 손을 겹쳐보면 절대 겹칠 수 없는, 어떤 의미에서는 전혀 다른 모양이에요. 이것은 오른손과 왼손이 서로 거울에 비친 모양, 즉 거울상의 관계에 있기 때문에 나타나는 문제예요. 마찬가지로 같은 분자식과 구조를 갖는 분자들도 이렇게 거울상의 관계에 있을 수 있으며 우리는 이것을 광학 이성질체optical isomer라고 부릅니다. 광학 이성질체는 대부분의 물리적 성질과 화학적 성질에서는 차이가 없지만, 효소나 단백질 반응과 같은 입체적 선택성 반응은 완전히 다른 결과를 낳아요. 마치 오른쪽 장갑은 오른손에만 들어갈 수 있는 것과 마찬가지지요. 결국 생체 내 단백질이나 효소들과 반응하는 약물은 이런 광학 이성질체의 차이로 인해 전혀 다른 결과를 보여줄 수 있답니다. 탈리도마이드 사건은 광학 이성질체의 차이에 의한 부작용을 예상하지 못했던 것 때문에 발생한 비극적 사건이었어요.

탈리도마이드 사건은 사람들에게 약물 개발과 허가 시스템에 경종을 울렸고 이후 더 다양하고 세분된 임상 실험, 부작용을 꼼꼼히 따지는 안전성 연구를 요구하게 되었어요. 흥미로운 것은 탈리도마이드 사건 이후 탈리도마이드가 다시 약물로 사용되고 있다는 점입니다. 탈리도마이드의 부작용이 암이나 한센병과 같은 일부 특별한 질병을 앓는 사람들에게 임상적 효과가 있기 때문이에요. '모르면 독 알면 약'이라는 말을 떠올려봅니다.

#탈리도마이드_사건 #인류_신약_개발_역사_오점 #광학_이성질체 #임상_실험 #안전성_연구

스테로이드

만병통치약인 줄 알았지 뭐예요!

'만병통치약'이라는 말을 들을 들어본 적이 있나요? 만병을 낫게 하는 약이라는 뜻인데, 만약 그런 약이 있다고 해도 그 효능을 100% 신뢰할 수는 없겠지요. 수십 년 전만 해도 장터 한구석에서 제법 많은 떠돌이 약장수가 '만병통치약'이라는 것을 판매했어요. 사람들은 솔깃해져 모여들곤 했고요. 무병장수는 인간의 기본적인 욕망이에요. 만약 모든 병, 아니 단 몇 가지 병에 두루두루 큰 효과가 있는 약이 개발된다면 세간의 화제가 될 테고, 인류의 삶에 큰 영향을 끼치면 노벨상도 받을 수 있을 거예요. 인류의 의약품 개발 역사에는 만병통치약 수준의 약이 개발된 사례가 있어요. 바로 스테로이드라고 부르는 약물입니다.

스테로이드는 지금도 많이 사용되고 있어요. 19세기 말, 스테로이드 연구는 몇몇 동물생리학자가 동물의 고환에서 추출한 물질을 의료용으로 연구하면서 시작됐습니다. 1930년대에 미국 의사이자 과학자였던 필립 헨치Philip Showalter Hench는 동물의 신장 근처에 있는 부신에서 추출한 물질을 류머티즘 관절염을 치료하는 데 사용했어요. 고질적으로 류머티즘을 앓고 있던 사람들은 이 약을 처방받고 불과 수일 만에 증상이 개선되는 것을 경험합니다. 동시에 평소에 걸렸던 다른 질병들도 함께 호전되는 놀라운 결과를 보였어요. 이 결과에 세상은 깜짝 놀랐고, 제약사들은 동물에서 추출하던 이 약물을 인공적으로 합성하는 데 성공하여 대량생산의 길을 열었답니다. 당시 사람들은 인류의 숙원이던 병마와의 싸움에서 완전히 승리할 수도 있다는 기대감을 품게 되었지요. 그리고 1950년 필립 헨치를 비롯해 스테로이드 개발과 연구에 참여했던 과학자들은 노벨상을 받았어요. 헨치 박사가 스테로이드의 효과를 논문으로 정리하여 보고한 것이 1949년이었는데, 이듬해인 1950년에 노벨상 수상의 영예를 안은 것을 보면 당시 학계가 스테로이드 발견에 얼마나 흥분했는지를 짐작할 수 있지요. 그러나 기대도 잠시, 스테로이드를 처방받은 환자들에게서 심각한 부작용이 나타났어요. 근육과 뼈가 약해지고 피부색이 변하는 등 예상하지 못했던 문제가 발생했거든요. 부작용에 놀란 의료계는 이후 스테로이드의 무분별한 사용을 철저히 규제하기 시작했죠.

스테로이드는 6각형의 탄소 고리 3개와 5각형의 탄소 고리가 붙어 있는 기본 구조를 가진 특정 화합물들을 말해요. 동물의 부신에서 생성되는 호르몬도 이 화합물과 같은 기본 구조를 갖기

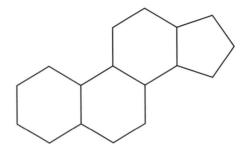

↑ 스테로이드의 기본 구조

때문에 흔히 부신피질 호르몬제라는 이름으로 불립니다. 이 약물은 '코르티코스테로이드'와 '단백동화 스테로이드'로 나뉘는데, 약물 기능이 서로 크게 다르답니다. 코르티코스테로이드는 주로 염증을 완화하는 치료 목적으로 사용하고, 단백동화 스테로이드는 근육을 강화하고 운동력을 향상하는 목적으로 사용되지요. 흔히 류머티즘이나 피부질환 치료에 사용되는 것은 코르티코스테로이드고, 남성 호르몬의 일종인 테스토스테론은 단백동화 스테로이드의 일종이에요. 현재는 치료 목적을 끌어올리기 위해 다양한 합성 스테로이드가 개발되어 사용되고 있습니다.

우리나라에서도 대부분의 스테로이드제제는 의사 처방이 있어야만 구입할 수 있고, 의료 목적 이외의 용도로 사용하는 것을 엄격히 금지해요. 그만큼 조심해서 제한적으로 사용해야 하는 약

#만병통치약이_있을까 #류머티즘_관절염 #의료_목적으로만_주의해서_사용해요 #테스토스테론

이지요. 여러분도 자칫 스테로이드에 노출될 수 있어요. 피부질환에 스테로이드가 효과적인데, 무분별하게 사용하면 피부색이 붉게 변하거나 녹내장이 생기는 등 심각한 후유증을 남길 수 있어요. 최근 문제가 되고 있는 것은 근육 강화를 위한 단백동화 스테로이드의 남용입니다. 인터넷 등에서 스테로이드가 비밀리에 거래되기도 하는데, 약물 남용은 치유하기 어려운 심각한 질병을 낳을 수 있음을 반드시 알아야 합니다.

동화와 이화라는 말을 들어본 적이 있나요? 생명체의 생명 활동에는 물질의 생성과 분해가 수반되며 이것을 흔히 대사(metabolism)라고 해요. 대사 과정에서 작은 크기의 물질을 가지고 더 큰 물질을 합성하는 것을 동화(anabolism)라고 하며, 반대로 큰 물질을 작은 크기의 물질로 분해하는 것을 이화(catabolism)라고 한답니다. 흔히 식물이 물과 이산화탄소를 가지고 광합성을 하는 것을 탄소동화작용이라고 부르는 것도 이 때문이지요. 또 포도당이 분해되는 것을 흔히 당이화작용이라고 하는 것도 이런 맥락이에요.

자외선

생존을 위협하는
햇빛 종류가 있다고요?

태양 빛은 모든 생명의 원천이 되는 고마운 존재지만, 자외선과 같은 일부 특정 파장 에너지는 생명체 생존에 커다란 위협이 되기도 해요. 물론 대기 상층부에 있는 오존층에서 해로운 자외선을 상당 부분 차단해주고 있지만, 사람들은 여전히 자외선 노출을 걱정합니다. 자외선이 피부에 지속해서 닿는다면 화상으로 인한 피부 손상은 물론이고 심하면 피부암까지 발생할 수 있어요.

태양 빛은 전자기 복사electromagnetic radiation라고 불립니다. 눈에 보이는 가시광선 이외에도 라디오파, 마이크로파, 적외선, 자외선, X-선, 감마선 같은 매우 다양한 파장(파동의 길이)의 빛으로 구성되어 있어요. 파장이 긴 라디오파는 에너지가 작고요, 파장이 매우 짧은 X-선, 감마선은 에너지가 커요. 다행히 에너지가 큰(위험한) 복사선은 대부분 지구 대기에 의해 산란하거나 오존층에 의해 흡수되어 지표까지 도달하지 못해요. 하지만 해로운 자외선 일부는 여전히 살아남아 지표에 도달하며 생물들의 생존을 위협

합니다. 지구의 모든 생명체는 진화 과정에서 자외선과 싸우며 생존해왔습니다. 사람은 인종에 따라 피부색이 다르고, 동물은 몸에 있는 털이나 가죽 같은 다양한 형태의 외피를 가지고 있는데, 모두 자외선과 싸우며 생존한 흔적이랍니다. 우리는 햇빛으로부터 몸을 보호하기 위해 옷을 입고 파라솔이나 선글라스를 이용하여 자외선을 막습니다. 자외선 차단제도 개발하여 사용하고 있지요.

시판되는 자외선 차단제 원리는 자외선을 차단하는 것과 자외선을 흡수하는 것 이렇게 두 종류예요. 티타늄이나 아연이 함유된 무기물질을 사용하는 차단제는 자외선을 반사해 피부를 보호하는데, 그 효과가 탁월하지만 얼굴이 뿌옇게 되어 미용상 사람들이 기피하는 경우가 많아요. 반면 유기물질을 사용하는 제품은 자외선을 흡수하여 제거하는데, 미용 효과는 우수하지만 유지되는 시간이 짧고 유해성에 대한 논란이 빈번하게 제기됩니다.

화학 물질은 결합 구조의 특징에 따라 특수한 파장의 빛을 흡수할 수 있어요. 특히 이중 결합을 갖고 있는 유기 물질들은 이중 결합과 단일 결합이 교대로 연결된 사슬의 길이에 따라 흡수할 수 있는 빛의 파장이 달라진답니다. 그러므로 분자 내 이중 결합의 숫자와 연결 방식을 잘 조절하면 우리가 원하는 특정 파장의 빛을 의도적으로 흡수하는 물질을 만들 수 있어요. 또 분자 내에 수소 결합이 있는 물질은 흡수된 자외선을 열에너지로 쉽게 바꿀 수 있어서 수소 결합을 가지도록 하면 빛을 흡수하고 제거할 수 있답니다. 유기 자외선 차단제는 이러한 목적으로 개발된 제품이에요. 이 물질들은 피부에 해로운 자외선을 흡수하여 불안정한 상태로 에너지가 높아지는데 이때 높아진 에너지를 열에너지로 방출하여 다시 원래의 안정한 상태로 돌아가는 원리로 피부를 보호합니다. 하지만 흡수한 자외선을 열에너지로 바꾸는 과정에서 몸에 해로운 형광물질이 나타나는 경우도 있고, 때로는 유해 물질이 생성되어서 이에 대한 대비도 필요해요.

자외선 차단제라고 하면 사람들은 피부를 보호하는 목적이 전부일 것으로 생각하지만, 우리가 사용하는 각종 기계나 장비를 자외선으로부터 보호하는 경우에도 사용해요. 특히 합성 플라스틱 제품들이 자외선에 오래 노출되면 급격히 노화되어 쉽게 부서질 수 있어요. 이 때문에 플라스틱 같은 고분자 재료 물질에는 자외선을 흡수할 수 있는 물질과 광안정제 등을 혼합해 수명을 연장하는 방법을 사용하고 있답니다.

Q #태양의_파장_에너지 #오존층 #피부암 #전자기_복사 #자외선_차단제의_원리는_무엇일까

녹말과 셀룰로오스

사람은 왜 풀을 소화할 수 없을까?

'왜 육식 동물들은 풀을 먹지 못할까?' 생태계의 구조를 공부하다 보면 이런 의문이 생길 수 있어요. 만약 육식 동물이 풀을 먹을 수 있다면 사자가 얼룩말을 사냥하기 위해 그리 뛰어다니지 않아도 될 테고, 사람들은 식량을 확보하기 위해 고생하지 않아도 되니 어쩌면 전쟁이 사라지고 평화롭게 되지 않을까요? 지구 생명은 먹이사슬을 통해 식물이 생산한 에너지를 이동시켜 이용하는 시스템을 가지고 있어요. 흔히 생태 피라미드라는 그림으로 쉽게 이해할 수 있지요. 피라미드 최하단에 있는 생산자인 녹색 식물은 광합성을 통해 탄수화물을 생산하여 화학결합에 저장합니다. 이 에너지는 먹이사슬을 통해 상단의 소비자들(초식 동물-육식 동물-인간)에게 순차적으로 전달됩니다.

잡식성인 인간 종은 다양한 것을 먹어요. 주식으로 곡식과 육류를 섭취하고 야채와 과일도 즐겨 먹지요. 하지만 먹는 것 모두를 소화해 에너지를 만들 수 있는 것은 아닙니다. 특히 과일이나 야채에 풍부한 섬유질 물질인 셀룰로오스cellulose는 전혀 소화하지 못한답니다. 셀룰로오스는 식물이 광합성을 통해 만든 탄수화물의 일종이에요. 포도당이 여러 개 연결된 것으로 녹말과 같은 다당류에 속합니다. 포도당$C_6H_{12}O_6$은 6개의 탄소가 6각형 형태

알파-포도당 단위체의 1-4 글리코시드 결합

셀룰로오스: 베타-포도당 단위체의 1-4 글리코시드 결합

⬆ 알파-포도당, 베타-포도당, 셀룰로오스와 녹말

의 고리구조를 가지고 여기에 −OH 5개가 붙어 있어요. 그런데 이 5개의 −OH 중에서 −OH 1개가 6각형 고리 평면을 중심으로 서로 반대로 놓일 수 있어요. 이 때문에 두 가지 형태의 서로 다른 포도당이 만들어지는데, 우리는 이것을 알파-포도당과 베타-포도당이라고 부른답니다.

녹말은 여러 개의 알파-포도당이 길게 연결된 것이에요. 반면에 셀룰로오스는 베타-포도당 여러 개가 연결된 것이지요. 녹말은 알파-포도당으로 길게 연결되는 과정에서 나선형으로 꼬인 구조 혹은 가지를 친 형태가 됩니다. 이런 구조들은 밀도가 높아서 에너지를 저장하는 면에 유리해서 열매나 뿌리에 녹말이 양분으로 아주 잘 축적되지요. 반면에 베타-포도당으로 만들어진 셀룰로오스는 실처럼 길게 늘어진 형태이기 때문에 식물의 줄기나 껍질 등을 만드는 재료로 사용돼요.

다당류들을 분해하여 포도당으로 만들기 위해서는 효소의 도움을 받아야 합니다. 이 효소라는 것들은 반응하는 분자의 3차원 구조에 매우 민감해요. 인간이 가진 당 분해 효소는 녹말과 잘 결합하여 분해할 수 있지만, 구조가 다른 셀룰로오스에는 작동하지 않는답니다. 하지만 초식 동물들은 인간과 다른 효소를 가지고 있어요. 이들의 장에는 셀룰로오스와 잘 결합하여 분해할 수 있는 효소를 만들어내는 세균이 있어요.

사람은 셀룰로오스를 섭취하여 에너지를 얻을 수 없지만 대신 셀룰로오스 분자가 가진 구조적 특징을 이용하여 의복이나 도구를 만들어 유용하게 사용합니다. 셀룰로오스의 긴 선형구조는 이 물질을 실 형태로 만들 수 있게 했고, 의복 소재로 많이 사용되었어요. 마, 목화면 등 천연 식물 섬유들은 셀룰로오스가 주성분이지요. 한편 셀룰로오스의 선형구조는 물과 친숙하게 수소 결합을 할 수 있는 많은 $-OH$를 가지고 있어요. 이 때문에 면섬유로 만든 의복들은 땀과 물을 잘 흡수하는 특성이 있어요. 또 야채에 있는 식이섬유들은 장을 거치면서 유해 세균이나 물질들을 청소해주는 역할을 합니다. 소화하지 못하는 셀룰로오스는 도리어 쓸모가 많은 아주 유용한 물질이에요.

Q #녹색_식물 #광합성 #탄수화물_생산 #포도당 #효소 #셀룰로오스_결합과_분해 #식이섬유

천연고분자

의복의 재료로 사용된 자연의 선물

오래전부터 사람들은 각 물질이 가진 고유한 성질의 본질을 알고 싶어 했어요. 그 이유를 명확하게 알 수 있다면 필요에 따라 원하는 물질을 얼마든지 만들어낼 수 있을 테니까요. 기원전 1세기에 활동한 로마 시인 루크레티우스는 물질마다 가진 특성인 물성이 원자의 모양이 달라서라고 생각했어요. 그는 저서 『사물의 본성에 관하여』에서 둥글게 생긴 원자로 이루어진 물질은 매끄럽고 잘 흐르며, 길게 생긴 원자로 이루어진 물질은 끈적거리고 잘 흐르지 않을 것이라고 주장했답니다. 물질의 성질을 분자 수준에서 설명하는 현대과학과는 다소 동떨어진 이야기 같지만, 만약 원자라는 단어를 분자로 바꿔본다면 제법 일리 있는 이야기예요. 실제로 긴 형태의 분자로 이루어진 물질은 끈적거리는 것이 많고 이 때문에 실과 같은 형태로 만들 수도 있답니다.

분자의 성질을 나타내는 요소 중에 분자량molecular weight이 있어요. 분자량은 그 물질을 구성하는 분자에 속한 원자들의 질량(원자량)을 더한 거예요. 분자량은 물질마다 천차만별이어서 수소 기체는 2에 불과하지만, 복잡한 유기화합물은 수백, 수천에 이르는 것도 있답니다. 한편 어떤 물질은 작은 분자량을 가지는 단위가 반복적으로 계속 연결되어 덩치가 아주 커지기도 해요. 흔히 고분자polymer라고 불리는 이런 물질은 분자량이 딱히 정해지지 않고 환경이나 조건에 따라 달라지기 때문에 보통 평균값으로 나타냅니다. 고분자의 분자량은 보통 수만 정도이고 때로는 수십만에 이르는 큰 것도 있답니다. 고분자 물질은 천연으로 만들어진 것도 있고 인공적으로 합성해서 만들어진 것도 있어요. 녹말, 셀룰로오스, 단백질 등이 대표적 천연 고분자이며 나일론, 플라스틱 같은 것들은 대표적인 합성 고분자(인공 고분자) 물질이에요.

천연 고분자 물질들은 인류의 역사에서 의복의 재료로 종종 사용되었어요. 셀룰로오스가 주성분이었던 면이나 마 등은 식물로부터 비교적 쉽게 구할 수 있었지만, 누에고치에서 생산되는 실로 만든 비단은 일부 국가나 특정한 계급의 사람만 구할 수 있는 매우 귀한 직물이었지요. 비단은 특유의 은은한 광택과 부드러운 질감 그리고 화려한 색상의 염색 가공이 가능했기에 귀족들의 의복에서 제한적으로 사용되었어요. 물론 현재에도 아주 고급 의복에만 사용되는 소재입니다. 고분자 물질들이 가진 특유의 성질은 반복 단위의 화학적 성질과 분자의 전체 구조 등에 의해 결정된답니다. 비단은 누에의 몸에 있는 아미노산이 결합해 만들어진 단백질의 일종으로 바로 이웃한 사슬들끼리 수소 결합으로 연결되어 있어요. 이 때문에 전체적인 구조가 마치 병풍처럼 지그재그로 꺾어진 평면 모양을 하고 있지요. 이런 구조를 흔히 베타-병풍구조라고 부르는데, 이 구조 덕분에 비단은 특유의 은은한 광택, 부드러운 질감, 적당한 탄성을 가집니다.

천연 고분자는 자연이 주는 고마운 선물이었지만, 그 양은 사람들의 수요를 만족시킬 만큼 충분치 않았어요. 흔한 셀룰로오스 섬유 물질들조차도 실로 가공하여 의복으로 만들기까지는 수많은 공정과 노력이 필요했답니다. 그래서 인공적인 의복 소재가 본격적으로 등장하기 전만 하더라도 새 옷을 한 벌 장만한다는 것은 매우 어렵고 드문 일이었어요. 명절이나 결혼식 때 옷을 선물하거나 새 옷을 입는 풍습이 아직도 남아 있는 것은 이 때문이에요.

🔍 #분자의_성질 #분자량 #천연 #인공_합성 #의복_재료 #비단 #베타-병풍구조 #귀한_직물

나일론

새로운 섬유 물질의 발명과 의복 혁명

값싸고 품질 좋은 의복 소재를 얻는 것은 식량을 안정적으로 공급하는 것만큼이나 중요한 인류의 바람이었습니다. 17세기 무렵 유럽 각국은 농토를 초지로 바꾸어 양모를 생산하는 일명 '인클로저 운동' 열풍에 휩싸였습니다. 이 때문에 수많은 농민이 삶의 터전을 잃고 도시의 빈민가로 몰려들어야 했지요. 값싼 노동력을 쉽게 이용할 수 있게 되면서 이는 산업혁명으로 이어졌습니다. 이 기간에 영국과 인접한 국가들은 양모 방직 산업을 통해 막대한 부를 쌓았답니다. 하지만 양모 생산의 급격한 증가에도 불구하고 일반 서민들에게 이런 고급 옷감은 그림의 떡이었어요. 20세기에 들어서고 1차 세계대전을 거치면서 옷감에 대한 국제적 수요는 더 가파르게 증가했지만, 공급은 여전히 턱없이 부족했답니다. 일부에서는 셀룰로오스를 화학적으로 처리하여 비단과 유사한 비스코스 레이온⁽인견⁾ 옷감을 만들기도 했지만 보편화되지 못했어요.

미국에서 유명한 화학 회사인 듀폰Dupont사는 1928년, 하버드 대학교수였던 월리스 캐러더스를 영입하고 완전히 새로운 인공적 섬유 개발에 착수했어요. 캐러더스는 실크(비단) 섬유의 단백질이 아마이드amide, -CONH- 구조를 반복 단위로 가지고 있다는 점에 착안하여 아마이드 단위를 갖는 새로운 섬유 물질을 합성하는 연구를 합니다. 다각적인 시도 결과 그는 6개의 탄소를 갖고 있는 두 종류의 유기 화합물을 결합해 아마이드 구조의 새로운 섬유 물질을 만드는 데 성공합니다. 이것이 바로 나일론nylon이에요.

⬆ 나일론 구조와 합성

나일론은 가볍고 마찰에 강하면서 잘 구겨지지도 않았어요. 또 보온성과 흡습성이 좋아서 옷감의 원료로 안성맞춤이었지요. 만약 나일론이 대량생산될 수만 있다면 인류의 의복 문제를 해결할 발판이 될 터였어요. 그러나 나일론은 의복이 아닌 여성용 스타킹으로 만들어져 초기 보급되었어요. 스타킹은 놀라운 인기를 끌며 미국 전역에서 날개 돋친 듯 팔려나갔답니다. 특히 대도시 가게에서는 수천 명씩 줄을 서서 나일론 스타킹을 사려고 기다렸대요. 또 이 무렵 발발한 제2차 세계대전으로 인해 나일론은 낙하산, 전선, 밧줄 등 군수품으로 쓰여 각광받았답니다. 전쟁이 끝난 후 나일론은 다양한 섬유 제품으로 가공되어 전 세계로 보급됐어요. 나일론을 통해 질기고 값싼 의복이 대중화되었고, 나일론은 의류 혁명의 일등 공신이 되었답니다.

한편 한국전쟁 이후 휴전선 너머 북한에서는 나일론이 아닌 다른 종류의 합성 섬유를 이용하여 의복 문제를 해결하였습니다. 재일 과학자 출신 리승기 박사는 비날론이라고 부르는 북한식 합성 섬유를 개발한 주역이에요. 그는 북한의 풍부한 석탄과 석회석을 이용하여 얻은 폴리비닐알코올polyvinyl alcohol을 변환하여 섬유 물질을 얻어냈어요. 우리가 흔히 사진 자료에서 보는 과거 북한 사람들이 입은 단체 의복은 원래 비날론으로 만들었다고 해요. 최근에는 북한에서도 이 비날론이 거의 옷감으로 사용되지 않는다고 하네요.

🔍 #옷감에_대한_국제적_수요_폭증 #섬유_보편화 #의류_혁명 #의복_대중화 #의류_쓰레기_문제

합성섬유와 음악

악마의 바이올리니스트가
탄생한 이유는?

사람들은 음악을 좋아합니다. 아름다운 음악은 우리를 행복하게 해주지요. 세상에는 아주 다양한 종류의 악기가 있지만 사실 악기가 소리를 내는 원리는 거의 비슷해요. 악기에서 흘러나오는 소리는 현이나 관의 길이 변화에 따라 높낮이가 변합니다. 현악기의 줄은 주로 플라스틱이나 명주와 같은 섬유질 또는 금속을 이용해 만들어요. 연주자들은 줄의 재질을 선택하고 그 품질을 살피는 데에 매우 민감해요. 아름다운 음을 만들기 위해서는 좋은 악기만큼이나 좋은 줄이 필요하기 때문이에요.

18세기 말 이탈리아에는 아주 괴상한 음악가가 나타났어요. 그의 이름은 파가니니Niccolo Paganini로, '작은 이방인'이라는 의미예요. 그는 바이올린 음을 자유자재로 다루는 신출귀몰한 연주로 유명해져서 유럽 전역에서 큰 명성을 쌓았어요. 사람들은 너도나도 그의 연주를 보고 싶어 했고 그의 연주회 티켓은 아주 비싼 값에 팔렸어요. 파가니니의 연주회에서는 이상한 일들이 벌어졌습니다. 청중 중에서 그의 연주를 듣다가 너무도 흥분한 나머지 기절하는 사람들이 나타난 거예요. 시간이 갈수록 기절한 사람이 늘어났다고 해요. 그러다 보니 파가니니에 관하여 기괴한 이야기들이 돌기 시작했어요. 그가 놀라운 기교를 부리며 연주할 수 있는 이유는 악마에게 영혼을 팔았기 때문이며, 사람의 창자를 꼬아 만든 줄로 비이올린을 연주한다는 소문이 돌았어요. 이후 그에게는 악마의 바이올리니스트라는 별명이 붙었어요.

그의 연주 기교가 얼마나 신기했는지 그리고 연주회장에서 어떤 에피소드가 있었는지는 여러 기록에 남아 있습니다. 그중에서도 연주 도중 바이올린 줄이 끊어졌음에도 그는 연주를 멈추지 않았고 결국 줄이 하나밖에 남지 않은 상태에서도 아무런 동요 없이 끝까지 연주를 계속했다는 일화는 너무나 유명하죠. 당시에는 보통 양의 창자로 만든 거트선gut string을 현악기 줄로 사용했어요. 거트선은 양의 창자를 꼬아서 만든 줄인데, 양 창자 외벽은 단백질 섬유구조로 되어 있어서 잘 건조한 후 꼬아서 당기면 탄성이 뛰어난 줄을 만들 수 있었어요.

하지만 동물 단백질 섬유로 만든 거트선은 단점이 있었어요. 온도 변화에 취약해서 연주 도중 줄이 늘어지는 일이 일상이었죠. 수시로 조율해야 했고 연주 도중에 끊어지는 일이 자주 발생했어요. 그러다 보니 연주자들은 언제 줄이 끊어질지 몰라 과격한 연주를 할 수 없었죠. 그러나 파가니니는 줄이 끊어지는 것에도 아랑곳하지 않고 거침없이 연주했으니 얼마나 놀라웠겠어요? 그러다 보니 그가 사람의 창자로 만든 줄을 사용해 연주한다는 괴기스러운 소문이 난 모양이에요. 그의 영향으로 단 하나의 줄로만 연주하는 현악곡이 더러 만들어졌지요. 파가니니가 작곡한 것도 있고 다른 사람이 편곡한 것도 있지요. 우리에게 잘 알려진 바흐의 곡, 〈G-선상의 아리아〉가 바로 그런 곡이에요.

　나일론이 발명된 후 대부분의 현악기는 나일론으로 만든 줄을 사용해요. 나일론의 강성과 탄성은 현악기 줄로 안성맞춤입니다. 기타는 나일론 줄을 그대로 사용하기도 하고 나일론 위에 금속을 감아 더 특색 있는 음을 내도록 만들기도 해요. 물론 전통을 고수하여 아직도 거트선을 사용하는 악기도 있고요. 화학 기술로 만들어진 고분자 물질은 아름다운 음악으로 우리를 행복하게 해 줍니다.

Q　#파가니니 #단백질_섬유구조 #탄성 #나일론_발명 #현악기_줄 #예술에_기여한_고분자_물질

합성수지

플라스틱 시대를 열다

인류의 역사에서 뗀석기라 불리던 거친 석기를 사용하던 구석기 시대와 세련된 모양의 간석기를 사용하던 신석기 시대 사이에는 수백만 년의 시간 차이가 있었어요. 이런 기나긴 시간이 필요했던 이유 중 하나는 단단한 도구를 원하는 모양으로 가공하는 것이 매우 힘들었기 때문이에요. 금속 문명 시대로 넘어오는 과정에서도 금속을 마음대로 가공할 수 있을 만큼 높은 온도를 만들고 다루는 것이 어려웠기에 인류는 수많은 시행착오를 거듭해야 했지요. 이런 과정에서 도자기를 만드는 기술도 생겨났는데, 이는 아마도 원하는 모양의 물건을 좀 더 쉽게 만들기를 원하던 사람들의 열망 때문이었을지도 모릅니다. 문명 시대에도 도구 제작은 늘 어려운 일이었지요. 그리스와 로마제국에서 도구를 만드는 일을 주관하는 대장장이 신(헤파이스토스 혹은 불칸)을 숭배했던 것도 그런 까닭일 거예요.

　돌이나 철 등 재료를 가공하여 원하는 도구를 만드는 일은 항상 숙련된 기술과 많은 노동을 필요로 하지요. 그래서 옛날에 이런 일은 대부분 노예의 몫이었답니다. 품삯을 요구하지 않고 노동을 계속할 수 있는 노예들이 있었기에 이런 도구를 생산하는 것이 가능했고, 또 일을 더 시키기 위해서 더 많은 노예를 필요로 했지요. 이후 시대가 바뀌고 노예제도가 폐지되면서 노동에는 그에 합당한 임금을 지불해야 하는 세상이 되었어요. 결국 중세에서 근대로 이행하며 임노동자의 증가와 함께 사람들은 원재료 가격보다 가공하는 데 더 많은 돈을 지불하게 되었습니다.

산업혁명 이후 철강 산업이 급격하게 발전하고 각종 기계류가 보급되었지만, 일상생활에 흔히 쓰이는 도기류나 철제 도구는 여전히 비쌌답니다. 19세기 말 무렵 미국의 인쇄공이었던 존 웨슬리 하얏트는 니트로셀룰로스에 천연물 장뇌를 섞어 셀룰로이드라고 부르는 최초의 합성수지synthetic resin를 개발했어요. 이 셀룰로이드가 최초의 플라스틱입니다. 셀룰로이드는 얇고 투명하며 가공성이 좋아서 값비싼 상아로 만들던 당구공을 만드는 데 사용되었답니다. 특히 색깔까지 쉽게 바꿀 수 있어서 흰색만 있었던 당구공을 다양한 색깔로 만들 수 있었어요. 또 셀룰로이드는 영화 필름 재료로도 사용되었는데, 사람들의 호평을 받으며 널리 보급되었습니다. 그런데 문제가 있었어요. 셀룰로이드 제품

🔍 #금속_가공 #기술과_노동력 #노예제도 #산업혁명 #셀룰로이드 #플라스틱 #현시대_환경오염

에는 폭발성이 강한 니트로셀룰로스가 다소 함유되어 있어 자칫 화재가 발생하면 무서운 대형 화재로 연결되기도 했습니다.

플라스틱plastic이라는 말은, 원하는 모양을 가공한다는 의미를 가진 그리스어 'plasticos'에서 유래되었습니다. 우리는 흔히 플라스틱을 합성수지라고 불러요. 수지라는 말은 나무의 진(예: 송진)을 일컫는 고분자 물질을 의미해요. 플라스틱은 수지와 같은 성질을 가진 고분자 물질입니다. 플라스틱은 별다른 가공 없이도 정해진 모양의 틀을 이용하여 원하는 모양을 손쉽게 찍어낼 수 있기 때문에 상품 제조와 생산 공정에 일대 혁신을 일으켰어요. 현재도 새로운 합성수지가 계속 개발되고 있으며 플라스틱 제품의 성능은 놀랍도록 발전했어요. 현재 우리 주변은 온통 플라스틱 제품으로 뒤덮여 있어, 어쩌면 미래 세대는 현시대를 '플라스틱 시대'라고 부를지도 몰라요. 그리고 지금, 플라스틱으로 인한 환경오염은 우리의 큰 걱정거리입니다.

유명한 이탈리아 영화 〈시네마 천국(Cinema Paradiso)〉에는 필름에 불이 붙어 영화관에 화재가 발생하는 장면이 나와요. 화재의 원인은 바로 셀룰로이드 필름입니다. 오늘날 셀룰로이드 필름은 사용되지 않고 아세테이트 계열 필름으로 대체되었어요.

플라스틱 쓰레기

넘쳐나는 플라스틱,
인류의 새로운 골칫거리가 되다

플라스틱이 등장하면서 인류의 물질 혁명에 불이 붙었어요. 석유를 원료로 하는 플라스틱 제품의 가격은 날이 갈수록 저렴해졌고, 수요가 증가하면서 소재의 성능은 비약적으로 개선됐어요. 현재는 값싼 일회용 식기에서부터 강철보다 강한 방탄유리까지, 플라스틱으로 만들 수 없는 것은 아무것도 없는 세상이 되었답니다. 동시에 플라스틱 폐기물이 넘쳐나면서 새로운 골칫거리가 되었어요. 플라스틱은 석유를 원료로 만들었기 때문에 기본적으로 탄화수소의 골격을 가지고 있어요. 화학적으로 매우 안정한 상태의 물질이지요. 또 고분자 물질이라는 이름에서도 알 수 있는 것처럼 아주 긴 탄소-탄소 결합 구조를 하고 있어요. 그러니 플라스틱은 작은 분자로 분해하기가 매우 까다로워요. 특히 자연 상태에서 저절로 분해되려면 엄청나게 오랜 시간이 걸린답니다.

　따라서 분해하여 처리하는 것보다는 재활용하는 것이 더 유리할 거예요. 플라스틱은 열에 의해 쉽게 변형되는 열가소성 수지thermosoftenining plastic와 열을 가하면 오히려 딱딱하게 굳어지는 열경화성 수지thermosetting plastic 두 종류가 있어요. 열가소성 수지는 분자가 선형구조로 배열되어 있어서 열을 가하면 쉽게 부드러워져 형태를 변형시킬 수 있으므로 재활용에 유리해요. 흔히 포장용지나 음료수병 등에 사용하는 피브이시PVC, 폴리에틸렌PE 등이 열가소성 수지랍니다. 한편 열경화성 수지는 열을 가하면 이웃한 배열들 사이에 다리를 만들어 더 조밀하게 연결돼요. 즉 이웃끼리 조밀한 네트워크를 만들어 더욱 단단해지는 거죠. 접착제로 사용되는 에폭시수지, 멜라민수지 등이 바로 이런 종류예요. 열경화성 플라스틱은 열을 가하면 오히려 원치 않는 반응이 일어나거나 엉뚱한 물질로 분해될 가능성이 있어서 재활용이 어려워요. 우리가 플라스틱 제품을 재활용할 때 종류별로 분류해서 재활용해야 하는 이유가 여기에 있습니다. 우리나라는 분리수거를 열심히 하는 나라지만 여전히 분리배출을 잘 하지 않는 사람이 많아요. 한편, 가격이 저렴하다는 플라스틱의 장점은 오히려 재활용을 가로막는 걸림돌이 되기도 해요. 번거롭게 분리수거하고 재처리하는 데 비용을 들이느니 새로 만드는 것이 오히려 비용 면에서 유리하기 때문이에요. 이런 모순 속에서 지구 생태계는 플라스틱으로 인해 점점 병들고 있답니다.

우리는 과학으로 플라스틱 문제를 해결할 수 있어요. 과학자들은 생분해성 플라스틱biodegradable plastic으로 문제를 해결할 수 있다고 생각합니다. 생분해성 플라스틱은 자연에서 스스로 분해되어 환경오염 문제를 남기지 않는 플라스틱이에요. 현재 다양한 생분해 플라스틱 연구가 진행 중인데, 콩이나 옥수수 같은 생물 자원을 이용하여 만든 바이오 플라스틱류의 제품들이 특히 크게 주목받고 있어요. 현재 몇 가지 제품은 일부 대기업 제품에 사용되는 성과를 보이고 있답니다. 또 현재까지 지구촌 곳곳에 쌓여 있는 플라스틱 쓰레기를 분해할 방법과 생분해성 첨가물을 섞어 만든 플라스틱으로 폐기물의 분해를 촉진하는 연구도 진행되고 있어요. 석유라는 한정 자원을 사용하는 플라스틱은 환경 문제 이외에도 자원 자체가 지속 가능하지 못하며 지구 자원의 고갈을 앞당기는 심각한 문제점을 안고 있어요. 문제 해결을 위한 과학적 노력 이외에도 플라스틱 사용을 줄이려는 개인과 사회의 노력도 절실합니다.

#물질_혁명 #분해보다는_재활용에_유리한_소재 #생분해성_플라스틱으로_폐기물_분해_촉진

탄소 섬유

생활 속으로 파고든 고분자 섬유

언젠가부터 우리 생활 곳곳에서 탄소 섬유로 만든 물건이나 소재를 어렵지 않게 만날 수 있게 되었어요. 사실 탄소 섬유는 첨단 분야를 위한 소재로 개발되었기에 비행기나 로켓과 같은 우주 항공 산업 분야나 첨단 의료분야에만 적용되는 물질로 여겨졌어요. 하지만 이제는 골프채, 낚시대 등 레저용품은 물론 건축자재와 자동차 부품에도 적용되는 소재예요. 탄소 섬유carbon fiber 또는 graphite fiber는 이름 그대로 탄소를 소재로 만든 고분자 섬유예요. 사실 고분자라고 부르는 대부분의 물질은 탄소가 주성분입니다. 대부분의 탄소 화합물이 공통으로 가진 탄소-탄소 결합은 매우 안정된, 강한 결합이에요. 여기에 치환된 각종 작용기는 그 화합물들의 성질을 변화시킵니다. 그러므로 작용기들을 최대한 제거하고 탄소-탄소 결합이 긴 섬유성 물질이 되도록 뼈대만 남길 수 있다면 매우 튼튼하고 강한 물질을 얻을 수 있을 거예요. 또 이것을 다발성 섬유로 가공하면 더욱 강한 물질이 될 테니 그 활용성이 더욱 넓어지겠지요.

탄소 섬유는 폴리아크릴로나이트릴polyacrylonitrile, PAN과 같은 유기고분자 섬유를 비활성기체 속에서 가열해 탄화시켜 만들어요. 탄화 과정에서 탄소를 제외한 수소, 질소 성분 대부분이 제거되며 탄소 원자들은 육각형 벌집 모양이 그물처럼 연결된 구조를 가지게 돼요. 탄소 원자들이 그물형 결합 구조를 가지는 것은 흑연에서 나타나는 결합 방식이에요. 즉, 탄소 섬유는 흑연의 결합구조와 유사한 형태를 가지는 매우 안정되고 강한 물질이 됩니다. 탄소 섬유의 역사는 생각보다 오래되었어요. 19세기 말 미국 발명가 에디슨은 전구의 필라멘트로 사용할 물질을 연구하던 중 탄소 섬유를 발견했어요. 그러나 본격적인 연구와 응용은

1960년대 들어서 우주 개발과 군사적 필요성으로 시작되었어요. 탄소 섬유는 강철에 비해 강도가 약 10배 정도나 강하면서도 매우 가볍답니다. 또한 탄성이 매우 강하고 부식 문제가 전혀 없어서 항공기나 로켓 소재로 안성맞춤이었지요. 하지만 탄소 섬유를 만드는 공정에서 사용되는 비활성 기체는 가격이 매우 비싸서 대중화하기란 요원한 일처럼 보였어요.

2007년 미국에서 개발한 보잉 787 여객기는 탄소 섬유를 이용해 동체의 절반가량을 제작했답니다. 덕분에 이 거대한 항공기는 승객을 가득 태우고도 동종의 다른 여객기보다 연료를 획기적으로 절감할 수 있었어요. 또 최고급 승용차로 알려진 영국의 롤스로이스도 탄소 섬유를 차체에 이용한 자동차를 제작하여 화제를 모았어요. 이후 탄소 섬유를 제조하는 대규모 공장들이 세계 곳곳에 들어섰고 점차 대중적으로 활용되기 시작했답니다. 그러나 아직도 탄소 섬유 제품은 섬유 강화 플라스틱FRP 소재를 사용한 제품에 비해 다소 가격이 비쌉니다. 하지만 기술 발전으로 가격 차이는 좁혀지고, 대중화를 앞당길 거예요. 지금도 사람들은 더 가볍고 더 튼튼하며 더 안전한 신소재를 개발하기 위해 노력하고 있답니다.

Q   #우주_항공_산업 #첨단_의료 #대중화 #고분자_섬유 #다발성 #신소재_개발을_위한_노력

반도체

4차산업혁명과 기술기업의 무한 경쟁

최근 지구촌은 4차 산업혁명에 대한 논의가 뜨겁답니다. 미래 사회는 인간의 삶의 방식과 사회구조에 기술이 직접적으로 연동된다고 해요. 그 때문에 기술혁신의 중심에 있는 로봇공학, 자율주행, 인공지능 분야에서 기술 선점과 우위 확보를 위해 국가 간 경쟁이 치열하지요. 반도체 강국인 우리나라도 메모리 분야에 편중된 기술을 확장해 더 광범위한 반도체 기술을 우위 선점하기 위해 더 과감한 투자에 나서고 있는 상황이에요.

반도체semiconductor는 말 그대로 전기를 절반 정도만 통하게 하는 물질이에요. 전기가 잘 통하는 물질인 도체conductor와 통하지 못하는 물질인 부도체insulator의 중간적 성질을 가지고 있다는 의미입니다. 어떤 물질이 전기를 잘 통하기 위해서는 전자가 자유롭게 움직일 수 있어야 해요. 전자는 아주 작고 가벼우며 원자의 가장자리에 있기 때문에 비교적 자유롭게 움직일 수 있을 것 같지만 그게 그렇게 만만치 않아요. 물질을 이루고 있는 원자들끼리는 서로 결합하게 되는데 이 과정에서 원자의 바깥쪽에 있는 전자들은 결합에 구속되지요. 즉 원자가 화학 결합을 하게 되면 전자들은 그 결합 안에 구속되어 자유롭게 움직이지 못하게 된답니다. 이렇게 구속된 전자를 움직이게 하려면 에너지가 필요하며 (열을 가하는 것과 같은) 이때 전자는 결합에서 자유로워지면서 비로소 움직일 수 있게 됩니다. 그런데 이 에너지의 크기가 만만치 않은 물질들은 쉽게 전기가 통하지 않아요. 이 물질이 바로 우리가 흔히 부도체라고 부르는 물질이에요. 그런데 금속은 전자가 한 원자나 결합에 구속되지 않고 실온 정도의 온도에서도 자유롭게 움직일 수 있어요. 우리는 이런 전자를 자유 전자라고 불러요. 자유 전자를 가지고 있는 금속은 보통 전기가 잘 통하는 물질인 도체예요.

평소에 반도체는 전자들이 원자나 결합에 구속되어 있지만 비교적 적은 에너지를 가해주면 움직일 수 있는 상태가 되며, 주로 실리콘Si에 특별한 불순물을 혼합하여 만들어요. 실리콘에 붕소B나 알루미늄Al 같은 3족 원소를 혼합하면 전자의 자리가 비어 있는 P형 반도체가 만들어집니다. 인P이나 비소As 같은 5족 원소를 섞으면 여분의 전자를 가지고 있는 N형 반도체가 되고요. 이런 반도체는 전기 자극을 통해 전기 흐름을 통제할 수 있지만 이것만으로는 컴퓨터라든가 기타 전자제품을 만드는 데 이용할 수 없답니다. 진짜 반도체는 N, P형 반도체를 접합하여 만들어요. N/P 반도체 2개를 이어 붙인 것을 다이오드라고 합니다. 이 소자는 전류의 흐름을 한쪽으로 흐르도록 제어할 수 있어요. 한편 N형과 P형 반도체를 3개를 연결해 NPN 또는 PNP로 이은 것을 트랜지스터라고 해요. 트랜지스터는 전기가 흐른다는 의미의 'transfer'와 저항을 변화시키는 소자인 'varistor'를 결합한 용어로, 전기 신호를 자유롭게 끊고 연결할 수 있고 또 증폭할 수 있는 특징이 있답니다.

컴퓨터처럼 고도의 계산과 데이터 처리 기능을 수행하려면 정보를 저장하는 기능과 연산기능이 필요합니다. 정보를 저장하는 메모리 반도체는 트랜지스터를 통해 제어된 신호를 0과 1의 디지털 신호로 구분하고 그 신호를 전하로 저장하는 기능을 하는 소자(커패시터)에 저장합니다. 또 복잡한 연산기능을 하는 반도체는 이런 디지털 신호를 설계된 프로그램에 따라 빠르게 제어하는 기능을 수행해요. 첨단 반도체를 생산하는 과정에는 첨단 설비는 물론, 극한의 초미세 공정 기술 이외에도 초고순도의 특수 화학 물질의 공급과 취급이 필요합니다. 각국은 이 순간에도 기술 개발은 물론 첨단 장비와 원료를 확보하기 위해 무한 경쟁을 하고 있어요. 기술 우위를 점한 기업은 엄청난 부가가치를 확보하게 되지만, 경쟁에서 뒤처지는 기업은 살아남기 어려워요.

Q #4차_산업혁명 #기술_혁신 #전기를_절반_통하게_하는_물질 #도체 #부도체 #메모리_반도체

전도성 고분자

전기가 통하는 플라스틱, 무한한 활용성에 도전하다

도처에 넘쳐나는 플라스틱 때문에 인류의 미래가 위태롭다는 경고도 있지만, 플라스틱은 여전히 우리 생활에 없어서는 안 될 중요한 재료 물질이에요. 특히 플라스틱의 뛰어난 가공성과 내부식성 그리고 경량성은 금속 재료 대부분을 대체할 수 있었고 결국 물질문명은 꽃을 피울 수 있었지요. 그러나 전자기기에서 핵심이 되는 전도성 재료 분야만큼은 결코 플라스틱이 금속을 넘보지 못했어요. 이 때문에 우리가 사용하는 대부분의 전자기기는 플라스틱과 금속이 혼용된 제품으로 생산됩니다. 그런데 만약 플라스틱이 전기를 통하는 성질인 전도성을 띠게 된다면 어떻게 될까요? 그런 일이 가능하게 된다면 우리가 현재 알고 있는 전자기기의 개념은 완전히 바뀌게 될 겁니다.

　전기가 통하는 플라스틱인 전도성 고분자conductive polymer는 실험 도중 발생한 우연한 실수로 탄생했어요. 1970년대, 미국 과학자 엘런 히거Alan Jay Heeger는 폴리아세틸렌polyacetylene 합성실험 중 실수로 촉매를 과도하게 사용하여 생성된 물질에서 전기 전도성이 나타난다는 사실을 발견했답니다. 폴리아세틸렌은 아세틸렌이 고분자로 바뀌면서 탄소-탄소 이중 결합이 반복적으로 계속 연결됩니다. 이때 이중 결합에 있는 전자들은 한 결합에 국한되지 않고 분자 전체로 퍼져 있게 되지요. 그러나 이것만으로는 이 전자들이 자유롭게 움직일 수 없기 때문에 전기전도성을 가질 수 없어요. 그러나 여기에 요오드와 같은 전자가 풍부한 불순물이 첨가(도핑, doping)된다면 이 전자들이 비로소 자유롭게 움직일 수 있게 되어 전기전도성을 띠게 되는 거죠. 전도성 고분자의 발견은 전기를 통하지 않는 물질인 줄로만 알았던 전통 플라스틱의 개념을 완전히 바꾸어 그 활용성을 더욱 확장할 수 있는 계기가 되었답니다.

전도성 고분자는 폴리아세틸렌에만 국한되지 않고 비슷한 결합 형태를 가진 고분자 물질에 똑같이 적용될 수 있어요. 이중 결합이 반복적으로 길게 연결된 고분자 물질에 적절한 불순물을 도핑하면 다양한 성질을 띠는 전도성 고분자들을 개발할 수 있게 되는 거죠. 실제로 폴리아세틸렌 이외에도 폴리아닐린polyaniline, 폴리피롤polypyrrole 등 많은 전도성 고분자가 개발되었어요. 전도성 고분자는 우리가 생각했던 것보다도 그 응용 범위가 넓어요. 전자제품의 금속 사용을 획기적으로 줄여 소형-경량화를 할 수 있음은 물론이고 절연 플라스틱을 사용해 전자제품의 정전기 문제를 해결할 수 있지요. 이는 정전기로 인한 수많은 전자제품의 작동 오류와 고장을 줄일 수 있는 해결책이 될 수 있는 거죠. 또 마음대로 휘고 접을 수 있는 전자제품 개발은 물론 기기가 작동하는 내부 모습을 들여다볼 수 있는 투명한 제품도 만들 수 있어요. 한편 단순한 전기전도성을 가지는 것에서 머물지 않고 전기를 통하는 정도를 조절하여 반도체성 플라스틱 제품도 만들 수 있답니다. 이러한 제품이 유기-LED(유기 발광체, organic LED)예요. 개발된 유기-LED는 디스플레이 목적으로 활용되고 있어요. 이는 흔히 OLED라고 부르는 최신 핸드폰이나 TV의 모니터로 사용하는 기술이랍니다. 이런 디스플레이 소재는 발광을 위한 별도의 광원이 필요하지 않아서 더 얇고 가볍게 만들 수 있고 색의 구현이 더 선명하며 밝다는 특징이 있어요. 과학이 만드는 신기술의 세상은 생각보다 빨리 이미 우리 곁에 와 있답니다.

🔍 #가공성 #내부식성 #경량성 #플라스틱+전도성 #전기전도성 #소형-경량화 #정전기 #디스플레이

그래핀과 탄소나노튜브
인류의 꿈을 이루어 줄 신소재

탄소는 우리에게 친숙한 원소예요. 생명체를 만드는 유기물에서부터 석유나 석탄 같은 화석연료 그리고 영롱한 빛으로 사람들을 매혹하는 다이아몬드까지, 탄소는 가장 흔하면서도 가장 귀한 대접을 받는 원소인 셈이네요. 탄소에 관한 연구는 과학자들에게도 흥미로운 주제이며, 그중에서도 흑연의 결합 구조와 물성은 아주 흥미롭습니다. 흑연은 벌집 모양처럼 육각형으로 배치된 탄소 원자들이 층층이 쌓인 구조예요. 이런 구조 덕분에 흑연으로 연필을 만들 수 있어요. 연필심을 종이에 마찰하면 층층이 쌓인 흑연 층이 부드럽게 밀려나가면서 떨어져 종이에 달라붙게 됩니다.

과학자들은 흑연에서 단 한 개 층만 따로 떼어내 새로운 물질을 만들고 싶어 했어요. 매우 특별한 성질을 보일 것으로 생각했기 때문이에요. 흑연의 평면 구조에는 탄소-탄소의 이중 결합이 반복적으로 나타난다고 했지요? 이 결합 전자들은 분자 전체에 퍼져 있어서 매우 훌륭한 전기전도성과 열전도성을 가진 물질로 만들 수 있을 거예요. 문제는 그 얇은 분자층 한 개만 물리적으로 떼어내는 것이 쉽지 않다는 거였어요. 오랫동안 실패를 거듭하다, 2004년 러시아 출신 물리학자들이 기발한 방법으로 문제를 해결합니다. 연필심에 테이프를 붙였다 떼는 방법으로 흑연층 분리에 성공해요. 이렇게 추출한 단층 구조의 순수한 탄소 물질을 그래핀graphene이라고 불러요. 흑연을 뜻하는 'graphite'와 이중 결합을 가지는 유기화합물 'alkene'을 합성해 만든 용어지요.

그래핀은 엄청나게 얇지만, 강성은 강철의 수백 배에 달하고 매우 우수한 전기전도성과 열전도성을 갖기 때문에 특수한 용도의 전자 소재로 응용될 가능성이 아주 높아요. 그래핀을 이용하면 현재 전자 기판이 갖는 물리적 한계를 넘어서 초박형, 초소형의 전자 기기를 자유로운 형태로 제작할 수 있을 거예요. 또 적절한 불순물을 도핑하면 반도체의 성질도 띠게 할 수 있어서, 집적도가 더욱 우수한 반도체를 만드는 재료로 활용할 수 있을 겁니다. 더불어 그래핀은 열전도성이 좋으니 고집적 반도체가 갖는 발열 문제도 해결해줄 수 있을 것으로 기대됩니다. 한편 그래핀을 둥글게 말아 원통형으로 만들면 탄소나노튜브carbon nanotube라는 물질이 돼요. 탄소나노튜브는 그래핀과 유사한 전도성과 열전도성을 가지면서도 섬유 형태의 구조를 만들 수 있어 매우 큰 강성과 탄력성을 요구하는 목적의 신소재로 활용될 수 있어요. 또 원통 구조를 만드는 방향을 조절하면 전기전도성이 달라지는데,

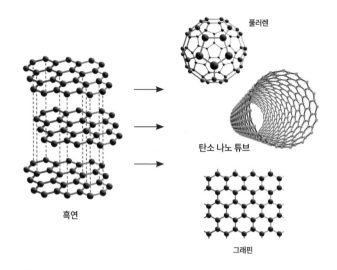

풀러렌

탄소 나노 튜브

흑연

그래핀

이러한 성질을 이용해 반도체 물질을 만들 수 있다는 것도 밝혀졌답니다. 최근 일부 선진 연구 그룹에서는 그래핀과 탄소나노튜브를 이용하면 옷처럼 입는 컴퓨터나 우주여행용 엘리베이터를 만드는 것도 가능하다는 보고서를 내놓고 있어요.

물론 그래핀이나 탄소나노튜브의 생산과 응용이 마냥 순조롭지만은 않아요. 특히 그래핀을 원하는 크기에 맞추어 안정적으로 생산하려면 극복해야 할 문제가 많습니다. 하지만 미래에 그래핀과 탄소나노튜브를 안정적으로 생산하고 실생활에 이용할 수 있게 되면 꿈속에서나 가능하다고 여겼던 많은 일을 현실화할 수 있을 거예요.

🔍 #탄소 #흑연의_결합_구조 #물성 #흑연의_한_층만_떼어내기_위한_노력 #그래핀 #초박형

유리와 세라믹
딱딱한 액체에 담긴 과학

세라믹은 흙이나 비금속의 광물을 원료로 한 고체 물질을 말하며, 인류가 돌과 금속만큼이나 오랫동안 즐겨 사용했던 무기 재료inorganic material 중 하나예요. 세라믹이 재료 물질로 처음 사용된 것은 도자기였어요. 사람들은 흙을 반죽하여 불에 구워 단단한 물건을 원하는 모양으로 손쉽게 만들 수 있었기 때문에 도자기를 아주 좋아했지요. 부드러운 흙을 빚어 만드는 도자기 기술은 인종과 지역에 따라 특징을 보이며 발전했고 주방용품에서부터 고가의 장식용품까지 매우 광범위한 제품을 만드는 데 사용되었답니다. 이 때문에 도자기의 특징과 모양을 통해 인류 역사와 각종 문명 발전 과정을 분류하기도 해요. 한편 도자기에 비해 상대적으로 덜하지만, 세라믹의 일종인 유리도 오랜 역사를 가진 재료 물질 중 하나예요.

세라믹에는 도자기의 원료로 사용되는 점토나 시멘트, 유리 등 혼합물 외에도 석회 CaO, 산화칼슘, 알루미나Al$_2$O$_3$, 산화알루미늄, 실리카SiO_2, 이산화규소 등 순물질도 있어요. 세라믹은 보통 2개 이상의 원소가 이온 결합 혹은 공유 결합으로 연결된 구조이며, 양이온과 음이온의 상대적 크기에 따라 다소 복잡하고 또 다양한 결정 구조를 가집니다. 세라믹은 일반적으로 결정형이며 또 매우 단단한 고체 물질인데요. 유리의 특성에 관해서는 논쟁의 소지가 조금 있어요. 유리는 결정의 성질을 전혀 갖지 않는 비결정성 고체예요. 따라서 어떤 사람들은 유리를 고체로 분류하지 않고 액체라고 말합니다. '딱딱한 액체'라니, 선뜻 이해되지 않지요? 사실 액체와 고체를 구분하는 기준은 '딱딱함'이 아니에요. 실제로 유리는 액체처럼 흐르는 성질을 가지고 있어요. 물론 점성이 매우 강하기 때문에 물처럼 빠르게 흐르는 것이 아니고 아주 느리게 흐르지요. 오래된 성당에 있는 스테인드글라스를 자세히 보면 아래쪽이 위쪽에 비해 두껍습니다. 이는 유리가 오랜 시간에 걸쳐 천천히 아래로 흘러내렸기 때문이에요. 유리를 액체로 분류하는 쪽에서는 유리의 단단함을 과냉각supercooling 현상으로 설명해요. 어떤 사람들은 결정의 유무와는 관계없이 유리는 비결정질 고체로 보는 것이 합당하다고 생각하기도 하고요. 유리의 주성분은 이산화규소SiO_2이며 우리가 흔히 사용하는 유리는 여기에 산화칼슘CaO과 탄산나트륨Na_2CO_2을 첨가하여 만든 것이라 흔히 소다-

#도자기 #문명_발전 #비결정성_고체 #액체 #과냉각 #결정형_세라믹 #내열성 #초전도_현상

석회유리라고 부릅니다. 유리는 특유의 투명함과 높은 굴절률 그리고 다양한 색깔을 낼 수 있다는 장점 덕분에 각종 생활용품과 장신구, 천체를 연구하는 망원경을 만드는 재료로 사용되고 있답니다.

한편 결정형 세라믹 물질은 매우 단단하며 열전도도가 낮고 높은 온도를 견딜 수 있는 우수한 내열성을 가지고 있어요. 그래서 유기 물질이나 금속으로는 절대 만들 수 없는 로켓이나 항공기의 엔진 부품, 내열성 부품, 초고온 반응 용기의 부품을 만드는 데 사용돼요. 그 외에도 전자, 바이오, 환경 분야 등 활용 범위가 무궁무진하지요. 최근 세라믹은 초전도 현상의 연구에도 이용되고 있어요. 초전도는 저항 없이 전류를 흐르게 하는 현상으로 과학자들은 실온과 가까운 높은 온도에서 초전도 현상을 실현하기 위해 세라믹을 이용하고 있으며 큰 진전을 보이고 있지요.

과냉각(supercooling) 현상은 어떤 액체가 냉각되어 어는점 이하가 되었음에도 고체가 되지 않고 여전히 액체로 남아 있는 현상을 말해요. 물은 어는점이 섭씨 0도이지만 과냉각이 된 경우에는 0도 이하에서도 얼음이 되지 않는데, 이런 상태를 과냉각되었다고 한답니다.

2차 전지

지금, 이 순간에도 우리 곁에 있는
재사용 가능한 전지

최근 전기 자동차가 보급되면서 '2차 전지'라는 용어를 종종 접합니다. 2차 전지가 어떤 원리로 작동하는지 알고 있나요? 원래 화학 전지는 두 개의 전극(양극과 음극)을 구성하는 물질들의 산화-환원반응으로 인한 전위차 때문에 전자가 자발적으로 이동할 수 있는 장치를 말해요. 따라서 산화-환원반응이 더 일어나지 않는다면 자발적인 전자의 이동도 멈추고, 결국 전지는 작동을 멈추게 될 거예요. 이런 경우 흔히 '배터리가 죽었다.'라는 말을 쓰는데, 영어로도 'the battery is dead.'라고 표현합니다. 일반적인 배터리(1차 전지)는 수명을 다하면 버려야 하는 전지예요. 이에 반해 2차 전지는 죽은 전지를 다시 살려내 재사용할 수 있어요. 흔히 충전지rechargeable battery라고 부르기도 합니다.

전통적으로 가장 널리 쓰이고 있는 2차 전지는 자동차의 주 전원 공급 장치로 사용되는 납축전지예요. 납축전지는 납Pb과 이산화납PbO$_2$으로 만들어진 전극 사이에 황산 수용액을 넣어 두 전극 사이에 산화-환원 반응을 일으켜 전자가 이동할 수 있도록 만든 장치이며 전체적인 화학 반응은 다음과 같습니다.

$$Pb(s) + PbO_2(s) + 2H_2SO_4(aq) \Leftrightarrow 2PbSO_4(s) + H_2O(l)$$

이 화학 반응이 진행되면 납이 산화해 황산납이 생성하는 동시에 물이 생성되면서 황산 수용액의 농도는 점점 묽어집니다. 그러다가 어느 순간이 되면 반응은 더 이상 진행되지 않고 전지로서의 수명이 다해요. 여기에 외부에서 전기를 걸어주면 역반응이 일어나고 황산납이 물과 반응하여 이산화납과 납으로 바뀌면서 황산 수용액의 농도가 올라갑니다. 죽었던 배터리가 다시 살아나는 거예요! 납축전지는 이런 원리로 계속해서 방전과 충전을 반복할 수 있게 된답니다.

납축전지 이외에도 우리의 생활 곳곳에는 다양한 2차 전지가 사용되고 있어요. 휴대폰이나 카메라 그리고 전기 자동차에 사용되는 리튬-이온 전지, 가정용 충전용 건전지로 많이 사용되는 니켈-카드뮴 전지, 그리고 니켈-수소 전지가 있어요. 이들 전지는 양극과 음극을 구성하는 물질이 서로 다르며, 생성되는 전압(전위차)도 다르지만, 충전과 방전을 반복하는 화학 반응의 원리

🔍 #전기_자동차 #재사용_충전지 #납축전지 #리튬-이온_전지 #화석연료_대체 #친환경_운송_수단

↑ 리튬-이온 전지 구조

는 같아요. 최근 들어 가성용 전자기기에 사용하는 니켈 금속계 전지는 수명이나 관리 그리고 환경 문제 등으로 리튬이온 배터리로 대체하는 상황이에요. 최근 들어 2차 전지 산업이 급격하게 팽창하고 있는 이유는 다름 아닌 전기 자동차의 발전과 보급 때문이죠. 전기 자동차는 화석연료를 이용하는 내연기관 자동차를 대체할 친환경 운송 수단으로 빠르게 자리매김하고 있어요. 따라서 2차 전지에 관한 연구와 관련 산업은 앞으로도 계속해서 급속히 발전할 것으로 예상됩니다.

납축전지의 산화-환원반응에서 얻어지는 기전력은 2.0V인데, 자동차 배터리는 이러한 반응 셀 6개를 직렬연결(서로 반대되는 전극끼리 일렬로 연결하는 방법)하여 총 전압을 12V로 만들어 사용해요. 각종 전자기기나 전기 자동차에 사용되는 2차 전지도 이와 같은 방법으로 배터리를 직렬 연결하면 높은 전압을 얻을 수 있고 이를 통해 무거운 자동차를 움직일 수 있을 정도의 충분한 동력을 만들 수 있답니다.

연료 전지

우주 탐사를 위해 개발된 전지

우리가 흔히 사용하는 일반 배터리는 외부로부터의 물질 공급이 차단된 밀폐된 상태(닫힌계)에서 작동해요. 이런 배터리들은 일회성이거나 충전해서 쓰더라도 수명이 있어서, 결국은 폐기해야 해요. 일부를 재활용하더라도 그 과정에서 자원 낭비와 환경오염이 발생해요. 이런 문제를 해결하기 위해 외부에서 전지 작동에 필요한 물질을 계속해서 공급해줄 수 있는, 밀폐되어 있지 않은 '열린 전지'가 있다면 정말 좋지 않을까요?

실제로 그런 전지가 있어요. 바로 연료 전지fuel cell예요. 연료 전지는 이미 수소자동차에 적용되어 있어요. 연료 전지는 말 그대로 연료를 주입하여 작동시키는 전지로, 1960년대에 미국의 유인우주선 제미니 계획Project Gemini을 통해 개발됐어요. 제미니 계획은 장거리 우주 탐사를 위해 사람이 우주선에서 오랜 시간 동안 거주하면서 생존 실험을 하는 것이 목적이에요. 특히 생존에 꼭 필요한 물을 확보하기 위해 연구진은 로켓의 연료인 수소와 산소를 이용하여 전기와 물을 동시에 생산하는 연료전지를 고안했어요. 연료전지의 작동 원리는 물의 전기분해 원리를 이용하면 쉽게 이해할 수 있어요. 물을 전기분해한다는 것은 물H_2O에 전기를 가하여 수소H_2와 산소O_2를 만드는 것을 의미해요.

$$H_2O + 전기 \rightarrow H_2 + \frac{1}{2}O_2$$

연료 전지는 이 반응을 반대로 일어나도록 만듭니다. 수소가 산소와 만나 물을 만드는 것은 아주 흔한 수소의 연소 반응인데, 보통은 요란한 폭발과 함께 많은 열이 발생해요. 그러나 이 반응은 연소 반응이 아니며 폭발 대신 전기가 생산되는 전기 화학 반응이에요. 따라서 불꽃이 튀어 점화된 것이 아니라 배터리 내부에서 산화-환원에 의한 전자의 이동으로 일어납니다.

$$산소 + 수소 \rightarrow 물 + 열 \quad (연소 반응)$$
$$산소 + 수소 \rightarrow 물 + 전기 \quad (전지 반응)$$

연료 전지는 연료를 주입하여 전기를 생산한다는 개념에서 보면 일종의 발전소라고 할 수 있어요. 연료는 수소 이외에도 메탄올, 에탄올, 일반 화석연료 등을 다양하게 사용할 수 있고요. 단순하게 보면 연료 전지가 화석연료를 이용한 전기 생산이나 내연

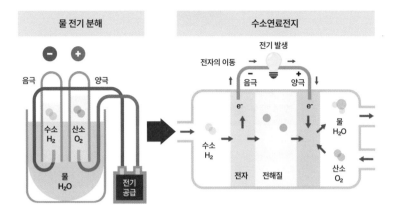

물 전기 분해	수소연료전지

전기 발생

전자의 이동

음극   양극

음극   양극

수소
H₂   산소
O₂

물
H₂O

전기
공급

e⁻   e⁻

수소
H₂

물
H₂O

전자   전해질

산소
O₂

↑ 수소연료전지의 작동 원리

기관의 작동과 별 차이가 없다고 생각할 수도 있을 거예요. 그러
나 연료 전지는 화석연료의 연소로 발생한 열을 이용해 전기를
얻는 방법에 비해 매우 효율이 높아요. 또 전지 반응에서 나오는
열까지 동력으로 이용할 수 있다는 장점도 있지요. 또 일반적인
배터리에 비해 산업 폐기물의 발생이 절대적으로 적고요. 2차 전
지가 대세인 현시점에서도 연료 전지의 이런 장점을 살려 계속해
서 연구하고 꾸준히 투자해야 합니다.

Q   #열린_전지 #수소자동차 #제미니_계획 #물_확보 #물의_전기분해_이용 #폐기물이_적어요

전기 자동차와 연료 전지 자동차

친환경 자동차는
정말 친환경적일까?

지구촌은 지금 심각한 대기오염에 시달리고 있어요. 특히 우리나라는 계절을 가리지 않고 반복되는 미세먼지 때문에 건강을 걱정하는 사람이 많지요. 그럴수록 매연을 내뿜는 거리의 자동차들에 대한 부정적 시선이 늘어나고 있어요. 그래서 최근 친환경 차량의 보급도 빠르게 늘어났습니다. 전기 자동차나 연료 전지 자동차 같은 친환경 자동차를 타는 사람들은 자신들이 환경오염을 줄이는 일에 일조하고 있다고 생각해요. 그래서 전기차의 빠른 보급을 지지하지요. 정말로 화석연료를 사용하는 내연기관 자동차가 거리에서 사라지면 미세먼지 문제와 온실가스의 배출 문제를 더는 걱정하지 않아도 되는 세상이 만들어질까요? 이 문제를 제대로 이해하기 위해서는 폭넓은 과학 지식과 더불어 과학과 사회의 상호작용에 대한 균형 잡힌 이해가 필요해요.

우선 전기 자동차나 연료 전지 자동차는 대기를 오염시키는 각종 오염 물질과 온실가스를 만들지 않아요. 결국 이런 차들이 더 많이 보급될수록 자동차에 의한 대기오염은 확연히 줄어들 거예요. 그러나 문제는 배터리를 충전하는 데 필요한 전기 생산 문제입니다. 전기 자동차 보급이 많이 늘어나면 배터리를 충전하기 위한 전기 사용량은 더욱 늘어날 것입니다. 결국 현재보다 더 많은 발전 시설이 필요하겠지요. 현재 우리나라의 경우 대부분의 전력은 원자력과 화력발전으로 생산하고 있답니다. 따라서 원자력 발전소를 더 많이 건설하지 않는 이상 늘어나는 전력 수요는 화력발전으로 충당해야 하는 거죠. 물론 태양광, 풍력 같은 친환경 발전도 생각할 수 있지만, 아직은 그 효율이 충분치 않고 지역, 계절, 기후의 영향을 크게 받아요. 또 시설투자와 유지관리를 위한 높은 비용이 요구되고요.

진짜 심각한 문제는 따로 있습니다. 전기 자동차가 보급되더라도 화석연료의 소비는 실제로 크게 줄어들지 않을 것이라는 점이에요. 세계 주요 산유국들은 석유의 생산과 판매를 통해 그 국가 시스템을 유지하고 있어요. 산유국들의 석유 생산은 자동차의 석유 소비 감소와는 관계없이 계속될 가능성이 크며, 생산된 석유는 어디선가 다른 방법으로 계속 소비될 거예요. 만약 그게 저개발 국가의 공장이나 가정에서 연소되고 굴뚝으로 그대로 배출된다면 그로 인한 환경오염은 현재보다 더 심각한 문제가 될 수

🔍 #대기오염 #미세먼지 #매연 #산유국_석유_생산 #전기_자동차_배터리_원료_보급_문제 #회귀

있어요.

　한편, 배터리 원료로 사용되는 리튬, 니켈, 망간, 코발트 등의 원소는 지각 내 존재량 자체가 매우 적으며 그나마도 특정 지역에 편중되어 있어요. 전기 자동차가 급증하게 되면 이런 원소를 독점하고 있는 국가는 해당 원소의 생산과 공급을 전략적으로 조절하여 필요한 경우 생산을 통제할 수도 있어요. 이런 이유로 많은 국가가 전기 자동차 보급에 앞장서면서도 내연기관을 쉽사리 포기하지 못하고 있습니다. 결국 전쟁이나 경제위기가 닥치면 내연기관과 전기 배터리의 경제성을 놓고 저울질하게 될 것이고, 이를 핑계 삼아 과거로 회귀할 수도 있어요. 실제로 탈석탄, 친환경에너지 시스템의 기치를 높게 내걸었던 다수의 유럽 국가는 최근 러시아가 천연가스 공급을 전략적으로 중단하자, 다시 석탄과 원자력 발전으로 회귀할 움직임을 보이고 있답니다. 인간은 지구 시스템이 수십억 년을 걸쳐 축적해온 에너지를 단 몇 세기 만에 고갈시키고 있어요. 과학도 이런 무자비한 에너지의 포식을 말끔히 해결해주지 못합니다.

리튬, 니켈, 코발트, 망간 같은 원소들은 지각 내 존재량이 적으며 경제적 가치가 커서 최근 '희소 원소'라고 불러요. 가끔 희토류 원소(rare earth elements)라고 쓰기도 하는데 이는 다른 뜻을 가진 다른 원소들이므로 구별되어야 합니다. 희토류 원소 스칸듐(Sc), 이트륨(Y)과 15개의 란타넘족 원소를 일컫는 말이에요. 란타넘족 원소란, 주기율표에서 원자 번호 57인 란타넘에서 원자 번호 71인 루테튬까지의 15개 희토류(稀土類) 원소를 통틀어 이르는 말이에요.

100

농약

살충제와 제초제 그리고
인간이 만든 가장 무서운 물질

현대식 농업에서 농약 사용은 작물의 생산성을 높이는 손쉬운 방법의 하나지요. 살충제와 제초제는 가장 흔하게 또 많이 쓰이는 농약이에요. 사실 제2차 세계대전 이전까지만 해도 사람들은 소수의 비소화합물, 석유, 니코틴, 황, 시안화수소 등과 자연에서 얻은 성분으로 구성된 일부 천연물을 농약으로 이용했어요. 그러다가 전쟁하는 동안 일부 염소계 유기화합물들이 곤충을 박멸하는 데 사용되기 시작했고, 이때 사람들에게 크게 알려진 것이 DDTDichloro-Diphenyl-Trichloroethane라는 약품이에요. 사실 DDT는 19세기 말에 처음 합성되었으나 사람들에게 특별히 주목받지 못했어요. 그러다가 2차 대전 기간 중 병사들을 괴롭히던 말라리아와 발진티푸스를 옮기던 모기 등 해충을 방제하는 데 사용되면서 널리 알려지게 되어 사용량이 증가했답니다. 전쟁 이후 인구이동과 밀집으로 인한 전염병 발생이 끊이지 않았고, 그럴수록 DDT의 사용은 더욱 늘어났어요. 그러다가 급기야 농업 분야에도 DDT를 사용하게 되었죠. 이후 전 세계적으로 DDT 생산과 소비가 급격하게 증가했고, 식물은 물론 동물과 사람에게까지 무분별하게 살포되었답니다.

DDT가 이렇게 대량으로 사용될 수 있었던 데에는 그만한 이유가 있었어요. DDT를 포유동물에 실험한 결과 독성이 거의 없는 안전한 것으로 나타났기 때문이에요. 그러나 완전한 오산이었습니다. DDT는 자연 상태에서 스스로 분해되는 데 긴 시간이 걸리는 물질이었어요. 반감기가 약 8년이나 되거든요. 따라서 적은 양이라도 지속해서 사용하면 동식물의 체내에 DDT가 계속 축적될 수밖에 없지요. 또 무분별한 사용으로 동식물의 내성이 증가하여 더 많은 양을 사용해야 하는 모순이 생겼고요. 1940년대 말에 이르러 DDT로 인한 문제가 여기저기서 나타나기 시작했고, 급기야 생태계를 파괴하는 요소로 위험신호가 켜졌습니다. 이후 많은 국가가 DDT 사용을 금지하였으나 생태계에 잔류한 DDT가 야기하는 문제는 아직도 진행형인 상태로 남아 있어요.

한편 베트남 전쟁 당시 사용된 '에이전트 오렌지'라는 제초제에 의한 사고 이야기도 빼놓을 수 없습니다. 제초제는 보통 특정 식물에만 작용하는 선택적 제초제와 모든 식물을 죽이는 비선택적 제초제로 나뉘어요. 비 선택적 제초제는 보통 식물의 광

🔍 #생산성 #살충제 #제초제 #DDT #반감기 #축적 생태계_파괴 #고엽제 #다이옥신_피해

합성을 방해하여 말라 죽게 해요. 베트남전 당시 미국은 농민과 게릴라를 구별하기 어려워서 골치가 아프던 차에 제초제를 대량으로 살포하여 농업 기반을 없애는 계획을 세웁니다. 에이전트 오렌지는 2,4-D(이사디)와 2,4,5-T(이사오티)라는 2가지 페녹실 제초제의 혼합물로, 오렌지색 용기에 담긴 물질이었는데 식물의 잎을 시들게 한다는 의미에서 고엽제라는 별명이 있어요. 베트남 전쟁 동안 8천만 리터의 고엽제가 살포됐다고 해요. 전쟁이 끝난 후, 참전했던 군인들과 베트남 주민들로부터 정확한 원인을 알 수 없는 여러 가지 질병이 보고되기 시작했어요. 처음에는 이 문제에 소극적으로 대처하던 미국도 급격한 환자 증가에 당황했고 조사에 착수했는데, 에이전트 오렌지로 인한 중독 사고라는 것이 밝혀졌어요. 하지만 연구를 계속해 보니 더욱 놀라운 사실이 나왔어요. 치명적인 중독 사고의 원인은 제초제 제조 과정에서 잔류했던 다이옥신이란 물질 때문이라는 것이 밝혀졌거든요. 이후 다이옥신은 인간이 만든 가장 무서운 물질이라는 수식어가 붙었답니다.

반감기는 어떤 물질이 분해되어 그 최초의 양(100%)이 절반(50%)이 될 때까지 걸리는 시간을 말해요. 반감기가 긴 물질은 매우 안정하며 수명이 깁니다. 유독한 물질의 반감기가 길면 분해되기 어렵고 오래 잔류하게 되니 더욱 위험해요.

101

식량과 화학

식량 문제를 해결한 과학

최근 우리나라는 인구 감소 문제로 인해 크게 걱정하고 있지만, 세계 인구는 여전히 빠른 속도로 늘어나고 있어요. 세계 인구는 기원전 로마 시대에 약 2억 5천만 명 정도였던 것이 19세기 초에 이르러 10억 정도로 늘어났어요. 약 80억 명에 이르는 현재 세계 인구를 생각하면 이 수치는 보잘것없이 보이지만, 당시 사람들에게 이런 빠른 인구 증가는 매우 심각한 문제로 여겨졌답니다. 왜냐하면 인류는 수천 년의 역사 동안 항상 식량 문제로 고민해왔기 때문이에요. 무서운 속도로 인구가 증가할 것이라고 미리 예견했던 영국 경제학자 맬서스Thomas Robert Malthus는 산술적으로 증가하는 식량 생산이 기하급수적인 인구 증가를 따라가지 못해 인류는 결국 식량 문제로 인한 파국을 맞이하게 될 것으로 예측했답니다. 하지만 다행히도 인류는 아직 지속적인 번영을 누리고 있어요.

맬서스가 살던 19세기 당시 농업 기술 수준에서는 더 많은 식량을 생산하기 위해 할 수 있는 것이라고는 더 많은 농지를 확보하거나 더 많은 노동을 투여하는 제한적 방법이 거의 전부였지요. 따라서 수십억 명의 수준으로 급격하게 증가하는 인구를 충분히 먹여 살릴 수 있는 식량 생산은 불가능할 것으로 생각했던 거예요. 맬서스는 과학이 식량 문제를 해결해줄 것이라고는 미처 생각하지 못했어요. 19세기에 들어서 인류의 과학 기술은 과거와 다른 차원으로 혁신적인 도약을 했어요. 특히 정량화된 화학 지식을 토대로 한 실험 과학의 발전은 식량 생산의 판도를 완전히 바꿔주었습니다.

우리는 앞 '유기 화합물'에서 요소 합성에 대해 살펴보았지요? 1828년 독일 화학자 뷜러Friedrich Wöhler는 요소 합성을 통해 생명체에서만 가능했던 일이 실험실의 플라스크 속에서도 일어날 수 있다는 개념을 갖게 해주었어요. 이후 과학자들은 수많은 새로운 물질을 개발하고 생산하는 데 몰입할 수 있었답니다. 그리고 1909년 독일 화학자 하버Fritz Jacob Haber는 공기 중의 질소를 이용하여 암모니아를 합성하는 데 성공함으로써 인위적인 방법으로 식물에 질소를 제공할 방법을 찾아냈어요. 이를 통해 비료를 대량 생산할 방법을 제시한 것이지요. 한편 화학 기술로 생산된 각종 약품 중에는 식량 생산을 가로막았던 병충해나 잡초를 제거하는 데 큰 효과를 보이는 것들이 있었어요. 이 약품들을 개량하고 발전시켜 특정 곤충과 식물을 선택적으로 제거하는 농약들이 속속 개발되었지요. 농약과 비료를 사용하면서 식량 생산은 비약적으로 증가했어요. 만약 인류가 농약과 비료를 사용하지 않고 과거와 같은 방법으로 농사를 짓는다면, 식량 생산은 현재의 1/3 수준에도 미치지 못할 거예요. 이 외에도 과학자들은 식물의 종자를 개량하여 더 우수한 작물을 만드는 연구도 수행했답니다. 육종이라는 전통적인 농작물 재량 방법을 뛰어넘어 식물의 유전자를 인위적으로 바꾸어 이른 시일 내에 품종을 개량하는 유전자 변형 작물Genetically Modified Organism, GMO을 개발하여 식량의 증산에 기여하고 있답니다.

지속적인 비료 사용으로 인한 토양 산성화, 농약의 무분별한 사용으로 인한 인체와 생태계 문제, 안전성이 완전히 검증되지 않은 유전자 변형 작물의 위험성을 경고하고 반대하는 주장도 많답니다. 그러나 분명한 것은 완전한 무농약, 유기농 농업으로 돌아간다고 해도 인류의 위태로운 식량 문제를 결코 해결할 수 없어요. 과거에도 그랬고 지금도 그렇듯이 인류는 과학과 기술의 진보를 통해 생존과 번영을 지속하고 있답니다.

#식량_문제 #농업_기술 #요소_합성 #비료_대량_생산 #식량_생산_증가 #종자_개량 #증산